# Das erfolgreiche Mindset
## als Navigationssystem

---

## *Hinterfrage und lebe reich*

---

„*Das Paradigma für den nachhaltigen Erfolg: Privat, Geschäftlich, Gesellschaftlich.*"

### Dr. Cyrille Monthe

*****

*Der **Werkzeugkasten** um die persönliche Dummheit temporär auszusetzen und nachhaltig **REICH LEBEN!***

*****

**Copyright © 2020 Cyrille Herve Timwo Monthe**, MSc, MBA, LLM, PhD

Bibliografische Information der Deutschen Nationalbibliothek: Die Deutsche Bibliothek verzeichnet diese Publikation in der Deutschen Nationalbibliografie; detaillierte bibliografische Daten sind im Internet über http://dnb.d-nb.de/ abrufbar.

**Disclaimer**

Das Werk, einschließlich aller seiner Teile, ist urheberrechtlich geschützt. Jede Verwertung außerhalb der engen Grenzen des Urheberrechtsgesetzes ist ohne vorherige schriftliche Zustimmung des Verlages und des Autors unzulässig und strafbar. Das gilt insbesondere für Vervielfältigungen, Übersetzung, Mikroverfilmungen, Bearbeitungen sonstiger Art sowie für die Einspeicherung und Verarbeitung in elektronischen Systemen. Dies gilt auch für die Entnahme von einzelnen Abbildungen und bei auszugsweiser Verwendung von Texten.

**Second Printing Edition, 2020**
2. Auflage <<**Work in progress...**>>
Scientific and Praxis Research
Baar (CH), im November 2020
**ISBN: 9798564388276**

***Dedikation***

*Dieses Wissen ist für alle, die ein nachhaltiges Zeichen setzen und endlich die Verabredung mit sich selbst wahrnehmen.*

*Herzlichen Dank!*

---

*Wissenschaft und Praxis für die Wirtschaft  <<Work in progress...>>*

---

*Irrlehre in Theorie & Praxis verstehen und kluges Management umsetzen*

---

*Selbstständige wissenschaftliche Forschung in Praxis*

---

# CONTENTS

**Success Value Management** .................................................................. ix
    **Darstellungsverzeichnis** ................................................................. ix
    **Abstrakt** ............................................................................................ xi
    **Autor** ................................................................................................ xvii

    **EINLEITUNG** ................................................................................... 18
    **Success Value Management (SVM) - "Werkzeugkasten"** ............. 18
        Neues Paradigma .......................................................................... 19
        KAPITEL EINS .............................................................................. 21
        SVM Werkzeugkasten ................................................................... 21

    **Part 1 – PRIMÄRE DIMENSION** ................................................... 24
    **Basis Reference Model (ERV) - "Basisverständnis"** ...................... 24
        KAPITEL ZWEI ............................................................................. 25
        Erfolg durch Werte und Gewohnheiten programmieren .............. 25
        Entwicklungsinstrumente (ERV Model) ...................................... 30
        Die Macht der Disziplin für Intelligenz und gegen Dummheit ..... 31

    **Part 2 – PRIVATE DIMENSION** .................................................... 32
    **Active Perception Model (QACC) - "Grundwerte"** ...................... 32
        KAPITEL DREI ............................................................................. 33
        Gedankenbild zum Management .................................................. 33
            Dein Gedankenbild (QACC Model) ....................................... 34
            Praxis in der Zusammenfassung ............................................. 35

        KAPITEL VIER .............................................................................. 40
        Der Unternehmer-Spirit ............................................................... 40
            Mut als Potential in Angst: Übeltäter "Politiker, Banker, Manager und sein eigenes Umfeld" ......................................... 40
            Leidenschaft im Geschäft und nicht im Markt ....................... 42
            Freiheit (Geld) - Diese Sicht verändert sofort Dein Leben ..... 44

## Part 3 – GESCHÄFTLICHE DIMENSION ..... 48
## Entrepreneurship Model (ASAI) - "Kapital-Überzeugung" ..... 48

### KAPITEL FÜNF ..... 49
#### Businessidee nahezu konstant halten ..... 49
- Abstraktion ..... 52
- Selektion ..... 56
- Adaptation ..... 60
- Integration ..... 62

### KAPITEL SECHS ..... 64
#### ASAI Modell in der Zusammenfassung ..... 64
- Emotionalität und Rationalität gegen Logik und Wahrheit ..... 65
- Risikobetrachtung ..... 67
- Aufgabenpriorität ..... 68

### KAPITEL SIEBEN ..... 71
#### ASAI Modell - Stellenwert in der Praxis ..... 71
- Zuerst das QACC Modell ..... 71
- Dann das ASAI Modell ..... 72

## Part 4 – GESELLSCHAFTLICHE DIMENSION ..... 74
## Management in neuer Dimension ..... 74

### KAPITEL ACHT ..... 75
#### Ganzheitliches Management Modell ..... 75
- Uns selbst besser verstehen ..... 77
- Komplexe Zusammenhänge hinterfragen ..... 81
- Mein Grund für das Success Value Management ..... 83

### KAPITEL NEUN ..... 84
#### Wertorientierte Unternehmensführung ..... 84
- Stakeholder Value ..... 85
- Shareholder Value ..... 87
- Customer Value ..... 91
- Success Value ..... 93

KAPITEL ZEHN ............................................................................................. 94
These: Success Value .................................................................................. 94
   Ziel der These ........................................................................................ 96
   Notwendige Dimension .......................................................................... 96
   Verhaltensmuster und die Macht der Selbstorganisation ....................... 96

KAPITEL ELF ................................................................................................ 97
Kontextisierung ............................................................................................ 97
   Von der Illusion über Konfusion hin zum Paradox und mal zurück zu sich ........ 98
   Definitionen von System, Wert und Change ....................................... 101
   4S als Allokation reinen Zufalls zu Force ............................................. 102
   Von Task Force zu Change Force .......................................................... 103
   Definition von Management .................................................................. 104
   Definition von Erfolg ............................................................................. 105

**Corporate Management Model (SSSS) - "Unternehmertum" ................ 106**
   KAPITEL ZWÖLF ................................................................................. 107

A: SPHÄRE: ERFOLGSWERT SCHAFFEN ............................................. 109

1. Wirtschaft : Wirtschaftskontext verstehen ........................................... 112
   1.1. Systems ........................................................................................... 115
   1.2. Strategy ........................................................................................... 117
   1.3. Solutions ......................................................................................... 119
   1.4. Success ........................................................................................... 121
2. Organisation : Organisations-Opportunität erkennen .......................... 124
   2.1. Environment concept ..................................................................... 126
   2.2. Corporate concept .......................................................................... 127
   2.3. Corporate philosophy ..................................................................... 128
3. Steuerung : Steuerungsbezugspunkte entwickeln ................................ 130
   3.1. Customer [Ertrag] ........................................................................... 134
   3.2. Process [Aufwand] .......................................................................... 136
   3.3. Identity [Passiva] ............................................................................ 138

B. SPHÄRE: WIRTSCHAFTLICH LEBEN .................................................................. 140

    4. Effektivität ........................................................................................................ 142

        4.1. User needs ............................................................................................ 144

        4.2. Ressources ........................................................................................... 145

        4.3. Execution ............................................................................................. 147

    5. Effizienz ............................................................................................................. 150

        5.1. Time ...................................................................................................... 152

        5.2. Cost ....................................................................................................... 153

        5.3. Quality .................................................................................................. 154

    6. Nachhaltigkeit .................................................................................................. 155

        6.1. Definition ............................................................................................. 157

        6.2. Verification .......................................................................................... 158

        6.3. Validation ............................................................................................ 159

    C. SPHÄRENVERKNÜPFUNG: FAZIT ................................................................ 160

# Part 5 – EVOLUTIONÄRE DIMENSION ................................................................ 162

**Reflection Model (LSNP) - "Selbstüberprüfung"** ..................................................... 162

    KAPITEL DREIZEHN ........................................................................................ 163

    Verhältnismäßigkeit des Erfolges ...................................................................... 163

        7.1. Legitimer Zweck (Factual arguments: Legitimate aim test) ................... 174

        7.2. Geeignetheit (Factual arguments: Suitability test) ................................ 176

        7.3. Erforderlichkeit (Factual arguments: Necessity test) ............................ 177

        7.4. Angemessenheit (Moral arguments: Proportionality test…) ................ 178

**Zusammenfassung** ................................................................................................... 180

**Ausblick** ..................................................................................................................... 189

Appendix I – Wenn ich noch arm wäre, dann… ......................................................... 192

Appendix II – Manager in der Mittelschicht ............................................................. 193

Appendix III – Ich bin reich, weil… ............................................................................ 195

Appendix IV – Deine Perzeption? ............................................................................... 196

**Quellen und Referenzen** .......................................................................................... 202

*Success Value Management*

# Darstellungsverzeichnis

Darstellung 1: Werkzeugkasten für das Success Value Management (SVM Model) ........... 21

Darstellung 2: Basis Reference - ERV Model (PRIMÄRE DIMENSION) .............................. 30

Darstellung 3: Active Perception - QACC Model (PRIVATE DIMENSION) ...................... 34

Darstellung 4: Gap "Valley of Death" .............................................................................. 42

Darstellung 5: Gedankenwelten in Form von Mindsets ................................................ 51

Darstellung 6: Abstraktion – Vision und Umsetzung .................................................... 53

Darstellung 7: Abstraktion – Opportunität und Risiken ............................................... 55

Darstellung 8: Selektion – Marktanteil und Marktwachstum ....................................... 57

Darstellung 9: Selektion – Wert und Anstrengung ........................................................ 58

Darstellung 10: Adaptation – Praktikabilität und Bedeutung ....................................... 60

Darstellung 11: Adaptation – Potential und Herausforderung .................................... 61

Darstellung 12: Integration – Menschen und Technologie .......................................... 62

Darstellung 13: Integration – Vermögen und Risikokapitalisierung ........................... 63

Darstellung 14: Entrepreneurship - ASAI Model (GESCHÄFTLICHE DIMENSION) ...... 64

Darstellung 15: Kapital-Überzeugung durch Rationalität und Emotionalität ..................... 65

Darstellung 16: Schadenhöhe und Eintrittswahrscheinlichkeit ........................................... 67

Darstellung 17: Dringlichkeit und Wichtigkeit ............................................................... 69

Darstellung 18: Unternehmertum mit dem Success Value Management ..................... 75

Darstellung 19: Praxis mit dem Success Value Management ....................................... 76

Darstellung 20: Notwendigkeit für wertorientiertes Management ................................. 84

Darstellung 21: Einteilung von Stakeholdern ................................................................. 87

Darstellung 22: Shareholder Value vs. Stakeholder Value ............................................ 89

Darstellung 23: Berechnung des Shareholder Values ................................................................. 89

Darstellung 24: Das Customer Value Management – St. Galler Ansatz ................................. 91

Darstellung 25: Corporate - SSSS Model (1/2 GESELLSCHAFTLICHE DIMENSION)...107

Darstellung 26: Corporate - SSSS Model (2/2 GESELLSCHAFTLICHE DIMENSION)...108

Darstellung 27: Sphäre A - Erfolgswert schaffen ........................................................................ 110

Darstellung 28: Zusammenhänge im Wirtschaftsraum ............................................................ 112

Darstellung 29: [1. Wirtschaft] Wirtschaftskontext verstehen................................................ 113

Darstellung 30: [2. Organisation] Organisationsopportunität erkennen ............................ 125

Darstellung 31: [3. Steuerung] Steuerungsbezugspunkte entwickeln .................................. 132

Darstellung 32: Steuerungsbezugspunkte in G&V und Bilanz ............................................... 133

Darstellung 33: Sphäre B - Wirtschaftlich leben......................................................................... 141

Darstellung 34: [4. Effektivität] Parameter................................................................................... 142

Darstellung 35: Effektivitätsparameter in G&V und Bilanz..................................................... 143

Darstellung 36: [5. Effizienz] Parameter....................................................................................... 150

Darstellung 37: Effizienzparameter in G&V und Bilanz........................................................... 151

Darstellung 38: [6. Nachhaltigkeit] Parameter ........................................................................... 155

Darstellung 39: Nachhaltigkeitsparameter in G&V und Bilanz.............................................. 156

Darstellung 40: Verhältnismäßigkeit des Erfolges und Success Value Management......... 164

Darstellung 41: Zusammenhang Cashflow-Bilanz-G&V ......................................................... 165

Darstellung 42: Juristisches Verhältnismäßigkeitsprinzip im Management ....................... 169

Darstellung 43: Reflection - LSNP Model (EVOLUTIONÄRE DIMENSION)................. 171

Darstellung 44: Legitimer Zweck .................................................................................................. 174

Darstellung 45: Geeignetheit .......................................................................................................... 176

Darstellung 46: Erforderlichkeit .................................................................................................... 177

Darstellung 47: Angemessenheit ................................................................................................... 178

# Abstrakt

*Weltweit steigt die Zahl der Armen, die Mittelschicht schrumpft, und so wirst Du mit dem Success Value Ansatz reich, denn die menschliche Dummheit ist ein Geschenk, ohne damit vorauszusetzen, dass ich klug bin. Wie bin ich (erfolg-)reich geworden? Ich habe nur meine persönliche Dummheit temporär aussetzen müssen. Wie kann ich selbst reiche und bessere Menschen mit einfachen Mitteln schaffen? Es ist genau das, was mich fasziniert hat und deswegen zeige ich Dir meine universelle Lösung als neues Paradigma in diesem Buch auf. Denn ein Paradigma ist eine Vielzahl an Gewohnheiten, die in unserem Unterbewusstsein verknüpft sind. Daraus werden Aktionen produziert, die wiederum Reaktionen in unserem Umfeld auslösen. Das Zusammenwirken von Aktionen und Reaktionen modifiziert dann die Umstände. Und so werden wir zu dem, den wir daraus machen. Ich verschmelze hier Kompetenzen, füge sie zusammen und lasse Höherwertiges entstehen. Mit dem einfach umzusetzenden Success Value Management erlebst Du ein neues, wertorientiertes und existenzielles Paradigma für Deinen nachhaltigen Erfolg. Damit bin ich zum Selfmade Millionär geworden! Was bringen Dir (privat, geschäftlich und gesellschaftlich) die aktuellen Methoden außer unbeherrschbare Konfusionen? Wenn die Antwort nicht positiv ausfällt, dann habe ich das Success Value Management (SVM Model, s. Dar.1) als selbständige wissenschaftliche Forschung in der Praxis für Dich aufgezeigt.*

—Cyrille

Das Wirtschaftssystem, das wir geschaffen haben, ist komplex und wir selbst verstehen fast nichts davon. Unternehmer stehen heute ansteigender Komplexität sowie der Dynamik der Umwelt und des Unternehmens in sich selbst gegenüber. Dabei ist die wertorientierte Unternehmensführung für ein unternehmerisches Leitziel zunehmend bedeutender, stellt aber das Management bei der Umsetzung immer noch vor schwierige Herausforderungen. Das Wirtschaftssystem kollabiert immer wieder in bestimmten Abständen und die Gesellschaftsschichten (Arm, Mittelschicht und Reich) bleiben dabei bestehen. Allerdings verschwindet die Mittelschicht weltweit. A. Einstein sagte: Versuche nicht, ein Mann des Erfolges zu werden, sondern versuche ein Mann von Wert zu werden. Aber leider interessieren die Werte von einer armen Person die wenigsten. Sogar die Kirche ist sehr reich. **Also der Satz von A. Einstein hat in der Rangfolge mit der heutigen Zeit wenig zu tun. Heute würde ich sagen: Versuche ein Mann von Erfolg zu sein, nur dann kannst Du Deine Werte stabilisieren und ggf. übertragen.** Das Ziel bleibt, den Erfolg mit seinen zahlreichen und unterschiedlichen Kriterien, die von einem Wert charakterisiert sind, zu systematisieren. Ein gutes Beispiel wäre das Land Singapur, das sich nicht gerade mit einem Überfluss an natürlichen Rohstoffen rühmen kann, aber sich auf nachhaltigen Erfolg fokussiert hat. Dennoch hat es dieses Land geschafft, von einem Land der dritten Welt zu einem Land der ersten Welt zu werden, innerhalb einer Generation. Heute ist das Bruttoinlandsprodukt Singapurs höher als das der USA. Darum geht es! Und jetzt hat das Land die Möglichkeit seine Werte zu stabilisieren und zu übertragen. Das hat sein Führer Lee Kuan Yew getan, indem er das Erfolgsgeheimnis mit seiner kompromisslosen Haltung sowie Wahrheit und Ehrlichkeit als Grundsatz für den Aufbau des Landes einzusetzen weiß. Besonders für die Mittelschicht gilt es zu versuchen, „erfolg"reich zu werden. Es gibt Denkstrukturen (linear, interdisziplinär, vernetzt) und bestimmende Entwicklungsinstrumente (Bildung, Risikobereitschaft, Stabilisierung bzw. Übertragung der eigenen Werte), die uns dabei begleiten. Als Unternehmer hat sich der Success Value Ansatz zum Paradigma für den nachhaltigen Erfolg bewährt.

Als Gestalt der wertorientierten Unternehmensführung bei dem **Stakeholder-Value**-Ansatz heißt es, alle betroffenen Interessengruppen in der Unternehmensstrategie zu berücksichtigen. Theorie und Praxis haben keine einheitliche Auffassung, wer grundsätzlich als Stakeholder in Betracht kommt. Dennoch ist das Prinzip der Stakeholder eine Grundlage des **Shareholder-Value**-Ansatzes. Niemand widerlegt, dass Kapitalgeber vergütet werden sollen. Allerdings führt der Shareholder-Value-Ansatz das Management des Unternehmens systematisch in die Irre. Die Weltwirtschaftskrise dieses Jahrtausends ist die Folge aus diesen Irrlehren. Als Ausweg stellen Unternehmen in den letzten Jahren verstärkt den **Customer Value** wiederum unzweckmäßig als neuen Zielwert in ihre strategische Ausrichtung.

Dabei ergibt sich das Defizit in Theorie und Praxis, den Erfolg nach den eigenen Werten und Normen des Unternehmens zu referenzieren. Daraus stellt sich die essentielle Frage der Existenz. Philosophisch betrachtet wird die Existenz mit der Frage gestellt: Ist etwas da, nur weil wir es wahrnehmen? Eine eindeutige Antwort auf diese Frage gibt es nicht. Mathematisch betrachtet existiert ein Objekt nur dann, wenn ein Algorithmus angegeben werden kann, mit dem es sich konstruieren lässt. Ein Unternehmen kann nur dann existieren, wenn es mit seinem algorithmischen Konstrukt auf lange Sicht erfolgreich ist. Somit lässt sich in Bezug auf den Erfolg ein neuer Zielwert ableiten, der sich in den Fokus der existenziellen Ausrichtung eines Unternehmens stellt: Der **Success Value**.

Die wirtschaftsmathematischen Modelle setzen grundsätzlich auf durchlaufende Prozesse, die aber in der Realität leider auch komplett aussetzen können und stehen bleiben. Die Problematik lässt sich bei einer Bonitätsprüfung (für z.B. Kreditvergabe) beobachten. Der gesunde Menschenverstand ist viel wichtiger als Excel-Tabellen, die man wirklich eher nicht versteht, denn die Form und nicht der Inhalt ist dabei relevant, weil sich Werte schwer wiedergeben lassen können. Die Lösung ist die Anwendung von anderen Settings, die nicht auf Win-Lose sondern auf echte Win-Win gekoppelt an Lose-Lose Ergebnisse aufgebaut sind. Was meine ich damit? Für eine gesunde Zusammenarbeit kann man nur zusammen gewinnen, zusammen verlieren und dementsprechend auch zusammen wachsen.

Die Geschichte der Menschheit ist auch eine Geschichte der Schulden: Sie basiert bis heute auf das moralische Prinzip, das leider nur die Macht der Herrschenden stützt. Wer sachliche Schulden hat, ist nicht allein schuldig.

Das kann in der Tat keine friedliche Welt schaffen. Wohl gemerkt, dass das moralische Prinzip, das die Macht der Gewinner und Verlierer gleichzeitig stützt, auch funktioniert: Es wird einfach nicht angewendet. Die Ersparnisse des Einen sind stets die Schulden des Anderen. Ohne Schulden kommt keine Volkswirtschaft aus. Obwohl es als lasterhaft gilt, mehr auszugeben, als man hat. Das zeigt allein schon unser Wortschatz. Während sich Schulden klar beziffern lassen, ist ‚Schuld' ein Gefühl, das man schwer in Worte fassen und erst recht nicht in Zahlen ausdrücken kann. Moralische Schuld (Werte) ist schwerer zu tilgen als sachliche Schuld (Geld).

Ob es privat, geschäftlich oder gesellschaftlich ist, geht es darum diese erwähnten Werte (echte Win-Win gekoppelt an Lose-Lose Ergebnisse) zu leben. Apropos gesunder Menschenverstand: Die Wirtschaftskrise 2008 und die Corona-Krise 2020 haben gezeigt, dass der Staat keine Instrumente besitzt, Lügen von Wahrheiten zu unterscheiden. Deswegen ist der Staat der Industrie ausgeliefert. Auf der anderen Seite kann man ein Problem nicht beseitigen, indem man das gleiche Denken anwendet, das das Problem geschaffen hat. Wenn ich meine Alltagsroutine hinterfrage, sehe ich die reichsten Länder der Welt, die wegen einer Grippe völlig überfordert sind; Es geht nicht um einen Nuklear-Ausbruch, den wir aktuell jederzeit in der Lage wären, ganz einfach auszulösen und nicht ohne massive Schäden wieder aufzulösen, sondern um eine Grippe.

Unfähige Manager und Politiker, die eine Bevölkerung sehr viel Geld kosten, lassen ihre eklatante Misswirtschaft erkennen und alle schauen hypnotisiert zu. Sobald alles läuft, profilieren sie sich, sobald alles für ein paar Wochen steht, sehen wir Insolvenzen und Ruinen. Mit einem gesunden Menschenverstand in jedem Haushalt wird selbstverständlich bewusst für schlechte Zeiten geplant. Wer das nicht macht, hat in schlechten Zeiten kein Mitleid verdient. Also das Mindeste wäre nennenswerte Rücktritte, Abtretungen und Kündigungen von Managern, Professoren und Politikern mitzuerleben. Aber die sind noch so unverschämt. Die Politik hat es geschafft, uninformierte Wähler, die irrational wählen, zu schaffen. Man spricht nicht über die Inhalte oder Themen, sondern über persönliche familiäre Dinge. Die Risikoanalyse der Politik (z.B. betreffend Covid 19) als Entscheidungsgrundlage wird stets der

Bevölkerung geheim gehalten, entweder wird eine Risikoanalyse nicht gemacht oder so schlampig durchgeführt, dass die Inkompetenz einfach versteckt bleibt. Wenn Unternehmen wie Staaten funktionieren würden, würde es keine mehr geben. Naja, das haben die ja schon so geahnt und deswegen sind keine Insolvenzprozesse für Staaten systematisiert. Alles wird mit Emotionen katapultiert und da ist Rassismus ein einfaches und gutes Element, um die Menschen zu beschäftigen. Für mich steht fest, dass Rassismus so gut wie nicht mehr vorhanden sein wird, sobald ich auch inkompetente Schwarze in hohen Positionen (z.B. als Professoren) in den mächtigen Industrieländern unter Weißen sehen werde. Nicht erschrecken, denn niemand ist systemisch vom (bewussten oder unbewussten) Rassismus befreit: Das ist das Ergebnis unserer Erziehung, die man nicht unbedingt annehmen muss.

Wenn Du über finanzielle Bildung verfügst, dann siehst Du, dass wir vom Kapitalismus zum Sozialismus rübergehen, und wir wechseln sogar zum Kommunismus und das kannst Du verstehen. Wenn große Unternehmen finanzielle Unterstützung vom Staat erhalten und dafür der Staat eine gewisse Kontrolle über Unternehmen. Ich sage nicht, dass es falsch oder richtig ist. Aber genau solche Phänomene sollen uns in der Schule beigebracht werden. Dass die Repo-Markt-Krise des Schattenbank-Systems im Finanzsektor sich mit der Corona-Krise überschneidet, ist schon merkwürdig. Aber wie kann Dir ein Lehrer erklären, was der Staat nicht will? Genau das ist das Kernproblem. Das System erlaubt das nicht. Diese Verknüpfung ist ohne Vorurteile zu betrachten. Es ist genau das Gleiche wie der Krieg. Der Sieger schreibt die Geschichte, um seine Position zu verteidigen. Der Verlierer schreibt die Geschichte nicht. Er lernt und erzählt die geschriebene Geschichte des Gewinners. Man geht in die Schule, um Arzt, Anwalt oder Ingenieur zu werden, aber man muss nicht in die Schule gehen, um reich zu werden. Fakt ist, dass Du die Freiheit erfahren wirst, wenn Du finanziell frei bist. Ich sage Dir folgendes: **Du wirst aus eigener Kraft reich werden, nicht primär weil Du klug bist, sondern weil Du Deine persönliche Dummheit temporär aussetzt.**

Pass bitte auf, was Du Deinem Gehirn antust! Fang bitte mal an, über Dein Denken nachzudenken, ansonsten machen es andere für Dich und das ist meist nicht vorteilhaft. Was für Dich sehr vorteilhaft ist, ist dass Du direkt und aktiv Deine Potentiale beeinflussen kannst, wofür Du keine Erlaubnis brauchst und es erweist sich als der einfachste und richtige Weg für Deinen Erfolg. Du kannst den Ausgang der Ergebnisse nicht endgültig bestimmen, aber seine Wahrscheinlichkeit wesentlich erhöhen, was im Endeffekt die tatsächliche Realität darstellt.

Der Success-Value-Ansatz ist ein notwendiger Paradigmenwechsel zur existenziellen Ausrichtung, um den nachhaltigen Erfolg bestmöglich zu garantieren, sowie neue Fähigkeiten zu erwerben und alte zu optimieren. Es stellt ein Erfolgsmodell für das heutige Management dar, damit ein Erfolgswert geschaffen und wirtschaftlich gelebt werden kann. Diese Arbeit, mit meinem neuen Ansatz, liefert selbstständige wissenschaftliche Forschungsergebnisse in praktischer Anwendung.

**Dr. Cyrille Herve Timwo Monthe, MSc, MBA, LLM**
Pragmatiker

# Autor

Cyrille Herve TIMWO MONTHE, MSc, MBA, LLM, PhD untersucht die ökonomischen Geschäftsaspekte weltweit und war Gründer & CEO mehrerer Unternehmen. Er leitete mehrere Jahre zahlreiche Projekte für international agierende Unternehmen mit Einsätzen in Amerika, Asien, Afrika und Europa. Er hat an mehreren Universitäten in Europa Technik, Wirtschaft, Recht und Management studiert, promoviert und gelehrt. Wissenschaftlich hat er über zehn Jahre an dieser Arbeit selbstständig geforscht.

„Ich wollte die alte Version von mir nicht mehr und eine neue Version sein. Am Anfang dieser Umprogrammierung haben mich die Freunde am meisten gebremst, weil es für sie bequemer oder angenehmer ist, wenn Du bleibst wie Du bist. Du liegst ihnen vielleicht wirklich am Herzen und trotzdem versuchen sie, Dir die Flügel zu nehmen. Angeblich damit Du nicht abstürzt, eigentlich aber damit Du nicht fliegst und das Nest verlässt. So musste ich eine Entscheidung treffen. Ich konnte versuchen, sie auf meine Reise mitzunehmen oder sie zurückzulassen. Ich habe sie zurückgelassen für eine Weile, so lange, bis ich mich in meiner neuen Form wohlfühlte. Denn ich bin arm geboren und möchte nicht arm sterben, dafür habe ich die Möglichkeit mein Leben so zu gestalten, dass ich es als erfolgreicher und guter Mensch genießen kann. Da habe ich gemerkt, dass unsere Perzeptionsfähigkeit unser existenziell größtes Problem ist. Bis heute habe ich nicht nur große Firmen, sondern auch exklusiv große Stars erfolgreich mitgestaltet und beraten. Dabei habe ich auch unterschiedliche Kulturen verinnerlicht. Erfolg wird in der Schule nicht gelehrt, aber jeder strebt danach. Dass ich zum Selfmade Millionär geworden bin, ist dank des einfachen Paradigmas, das ich zusammengefasst habe und Dir vorstelle: Success Value Management. Ich habe es in Theorie und Praxis für uns alle hier näher beleuchtet. Man kann mit der Vergangenheit abschließen, aber nicht mit der Zukunft: Daher sollst Du Dir den Vorsprung für die Zukunft sichern."

# EINLEITUNG

*Success Value Management (SVM) -*
*"Werkzeugkasten"*

## NEUES PARADIGMA

Die Wirtschaft ist viel zu kompliziert, sodass wir die Wirkungszusammenhänge nicht vollumfänglich erfassen können. Dass Wohlstand die Lebenserwartung steigert, wissen Ökonomen schon lang. Doch Bildung (beruflich oder schulisch) wirkt sich noch deutlich stärker auf die Lebensdauer aus.

Denn wer schlau ist, strapaziert seinen Körper weniger. Bildung hilft im besten Falle sogar dreifach: Sie bringt bessere Gesundheit, ein höheres Einkommen und ein längeres Leben. Die Ökonomen haben seit den 70er-Jahren immer wieder in Forschungsarbeiten belegt, dass Reiche länger leben – und damit womöglich einen viel wichtigeren Faktor für die Lebenserwartung vernachlässigt: Gebildete nämlich leben noch länger.

Somit kann ich Bildung nicht nur direkt mit bestandenen stattlich regulierten Diplomen verbinden. Es gibt Aktivitäten, die diplomierbar sind und welche, die nicht diplomierbar sind. Eine Hausfrau zu sein, erfordert kein Diplom, doch sie ist die Schlüsselfigur des Familienlebens: Und das nennt man „nicht arbeiten"? Das Bildungsproblem in diesem Fall kann nur entstehen, wenn die Improvisationen und Verantwortungen im Laufe der Jahre abnehmen. Bildung findet schulisch, beruflich und auch non-formal statt.

Wir brauchen einen Werkzeugkasten mit mentalen Modellen, um die Wirtschaft besser zu verstehen und die Herausforderungen zu meistern. Es ist an der Zeit, einen solchen Werkzeugkasten für die Praxis zusammenzustellen. Alles was wir konstruieren, wurde zuerst in den Köpfen konstruiert. Alles was wir tun, ist grundsätzlich die Reproduktion unserer Gedanken. Alles, was wir sind, entsteht aus unseren Gedanken, die mit Werten fundamentalisiert sind.

Allerdings haben wir einheitlich eine tief geprägte Eigenschaft: Die totale Verweigerung sich selbst zu verstehen und sich selbst zu definieren. Erforscht sind etwa 120 systematische Denkfehler, die wir immer wieder begehen (Selbstüberschätzung, Gruppendruck, Rückprojektionen usw.). Allerdings ist die Zahl der unerforschten Denkfehler viel höher. Um unsere

Entscheidungsqualität zu verbessern, gilt es diese tief geprägte Eigenschaft zu kalibrieren.

Ich verzichte grundsätzlich auf die Konstruktion von Analogien in diesem Buch, damit es jeder selbst machen kann, um sein eigenes Realitätsbild zu erzeugen. Analogien helfen, Sachverhalte in anschaulicher Weise zu erklären und damit die Aufklärung abzubilden. Eine Gefahr stellen Analogien dann dar, wenn sie die Wahrnehmung eines konkreten Ereignisses verharmlosen, in eine falsche oder auch nur irrelevante Richtung lenken und damit Parallelen suggerieren, die weder in der Sache noch in ihren Folgen angemessen sind. Das ist oft der Fall.

Dieser erarbeitete Werkzeugkasten stellt ein neues Paradigma dar. Was heißt das? Ein Paradigma ist eine Vielzahl an Gewohnheiten, die in unserem Unterbewusstsein verknüpft sind. Daraus werden Aktionen produziert, die wiederum Reaktionen in unserem Umfeld auslösen. Das Zusammenwirken von Aktionen und Reaktionen modifiziert dann die Umstände. So werden wir zu dem, den wir daraus machen.

## KAPITEL EINS
# SVM WERKZEUGKASTEN

Mein erarbeiteter **Werkzeugkasten** „Success Value Management" SVM beinhaltet fünf aufeinander aufbauende Dimensionen: „primär, privat, geschäftlich, gesellschaftlich und evolutionär".

| | | |
|---|---|---|
| Werkzeugkasten für das Success Value Management | I | **ERV Basis Reference Model** „Primär" |
| | | Mit diesem Modell als Entwicklungsreferenz von arm zu reich bilde ich aus dem bestimmenden Lebensinhalt mein persönliches dynamisches Basisverständnis ab. |
| | II | **QACC Active Perception Model** „Privat" |
| | | Mit den allgemeinen Verknüpfungen aktiviere ich durch dieses Vorgehensmodell meine Perzeptionsfähigkeit. Dadurch steigere ich meine Intelligenz und setze meine Dummheit temporär aus, denn Dummheit ist ein Mangel an Intelligenz. Hier modelliere ich meine Grundwerte. |
| | III | **ASAI Entrepreneurship Model** „Geschäftlich" |
| | | Mit diesem Kreislaufsystem lerne ich meine Investition (Business-Idee) zu verstehen und nahezu konstant zu halten. Hier baue ich meine Kapital-Überzeugung auf. |
| | IV | **SSSS Corporate Management Model** „Gesellschaftlich" |
| | | Mit diesem Instrument manage ich meine Investition (mein Unternehmen) nachhaltig, um erfolgreich zu wirtschaften. Hier lebe ich mein Unternehmen. |
| | V | **LSNP Reflection Model** „Evolutionär" |
| | | Mit der Überprüfung beobachte ich, ob meine Managemententscheidungen zu meinen Ergebnissen in Verhältnismäßigkeit für die Allgemeinheit passen. Und auch für meine eigene Persönlichkeit beobachte ich, ob meine Werte zu meinen Gewohnheiten passen. |

Darstellung 1: Werkzeugkasten für das Success Value Management (SVM Model)

Introduction

Wie erlangen Menschen besondere Ergebnisse mit dem Success Value Management? Einfach (Du brauchst keine Erlaubnis, aber Deine Wahrnehmung) und machbar (Du brauchst kein Studium, aber Deine Bereitschaft): Eine empirisch belegte Studie!

Wir können annehmen, dass was wir in der Schule gelernt haben, nur für die Schule seine Gültigkeit behält. Was Du hier lernst, ist für das Leben: Nicht die Lösung zählt, sondern der Lösungsweg. Bekanntlich ist das Leben kein Problem, das es zu lösen gilt, sondern eine Wirklichkeit, die es zu erfahren gilt. Denn die inhaltlichen Schwerpunkte sind unterschiedlich gesetzt.

In der Schule wird grundsätzlich ein depressiver Nobelpreisträger gegenüber einem enthusiastischen Anfänger präferiert; Um ehrlich zu sein, präferiere ich den enthusiastischen Anfänger gegenüber dem depressiven Nobelpreisträger. Warum? Enthusiasmus bezeichnet heute allgemein eine Begeisterung oder Schwärmerei für etwas, eine gesteigerte Freude an bestimmten Themen oder Handlungen, ein extremes Engagement für eine Sache oder ein ungewöhnlich intensives Interesse auf einem speziellen Gebiet. Das implementiert die Lust am Spielen. Wenn man spielt, achtet man sehr auf Details und wenn man dabei scheitert, wiederholt man die Aufgabe. Wenn man nicht spielt, wird man beim Scheitern die Aufgabe beenden. Also um exzellent zu sein, muss man den Enthusiasmus praktizieren. D.h. man ist schon so vorprogrammiert, dass beim Scheitern unbewusst wiederholt wird.

**Ich empfehle dieses Buch nur für einen bestimmten Zeitraum anzuwenden, danach soll man sich davon lösen, um selbst sein eigenes Gerüst anwenden zu können.**

Wir neigen dazu, einfache Bücher zu lesen, ohne sich dabei anzustrengen. Die Autoren halten sich daran und konzipieren die Bücher so, dass dem Leser suggeriert wird, ohne Anstrengung viel zu lernen. Also einmal gelesen und weg damit: Genau das geht nicht. Deswegen konsumieren wir meist nutzlose Literatur. Gute Bücher lese ich mehrmals. Nur ich selbst kann entscheiden, ob ein Buch gut ist und nicht die Rezensionen entscheiden das für mich.

Warum liest Du dieses Buch? Wie fühlst Du Dich und welcher Mensch willst Du sein? Was möchtest Du von der Welt und was gibst Du ihr? Diese Fragen solltest Du schon beantworten.

---------------------------------------------------------------------

---------------------------------------------------------------------

---------------------------------------------------------------------

---------------------------------------------------------------------

---------------------------------------------------------------------

---------------------------------------------------------------------

---------------------------------------------------------------------

---------------------------------------------------------------------

---------------------------------------------------------------------

---------------------------------------------------------------------

---------------------------------------------------------------------

---------------------------------------------------------------------

---------------------------------------------------------------------

---------------------------------------------------------------------

---------------------------------------------------------------------

---------------------------------------------------------------------

# PART 1 – PRIMÄRE DIMENSION

## Basis Reference Model (ERV) - *"Basisverständnis"*

| | | |
|---|---|---|
| Werkzeugkasten für das Success Value Management | I | **ERV Basis Reference Model „Primär"**<br>Mit diesem Modell als Entwicklungsreferenz von arm zu reich bilde ich aus dem bestimmenden Lebensinhalt mein persönliches dynamisches Basisverständnis ab. |
| | II | **QACC Active Perception Model „Privat"**<br>Mit den allgemeinen Verknüpfungen aktiviere ich durch dieses Vorgehensmodell meine Perzeptionsfähigkeit. Dadurch steigere ich meine Intelligenz und setze meine Dummheit temporär aus, denn Dummheit ist ein Mangel an Intelligenz. Hier modelliere ich meine Grundwerte. |
| | III | **ASAI Entrepreneurship Model „Geschäftlich"**<br>Mit diesem Kreislaufsystem lerne ich meine Investition (Business-Idee) zu verstehen und nahezu konstant zu halten. Hier baue ich meine Kapital-Überzeugung auf. |
| | IV | **SSSS Corporate Management Model „Gesellschaftlich"**<br>Mit diesem Instrument manage ich meine Investition (mein Unternehmen) nachhaltig, um erfolgreich zu wirtschaften. Hier lebe ich mein Unternehmen. |
| | V | **LSNP Reflection Model „Evolutionär"**<br>Mit der Überprüfung beobachte ich, ob meine Managemententscheidungen zu meinen Ergebnissen in Verhältnismäßigkeit für die Allgemeinheit passen. Und auch für meine eigene Persönlichkeit beobachte ich, ob meine Werte zu meinen Gewohnheiten passen. |

## KAPITEL ZWEI
# ERFOLG DURCH WERTE UND GEWOHNHEITEN PROGRAMMIEREN

Es ist ein überschaubar harter Weg sich erfolgreich neu zu programmieren, aber zum Glück ist es machbar für Jeden. Deine Erfahrungen kannst Du nicht ändern, aber Deine Werte und Gewohnheiten. Dein Unterbewusstsein kann nämlich nicht zwischen Realität und Gedanken unterscheiden.

**Dazu sollte man wissen, dass das Unterbewusstsein nicht „denkt". Es speichert einfach nur.** Deswegen ist Erfolg von unserem Unterbewusstsein abhängig, das sich genetisch durch die Eltern vorprogrammiert hat und durch das Umfeld über Werte, Gedanken und Gewohnheiten programmieren lässt. Daraus führen wir im Grunde genommen Handlungen (Routinen, Aktionen) unbewusst aus, die uns am Ende charakterisieren.

Wie ich mit dem Paradigma Success Value Management zum Millionär geworden bin, wirst Du auch verstehen, da es wirklich jeder Mensch schaffen kann. Ich bin arm geboren, allerdings muss ich nicht arm

*(E = Education) Bildung,*

*(R =Risk) Kapitalisierbare Risiko-Entscheidung,*

*(V = Value) Eigene Werte Übertragung/ Stabilisierung.*

sterben, aber als erfolgreicher und guter Mensch: Das ist mein Grundsatz. Ich bin erfolgreich gewesen, wegen dem Menschen, den ich daraus gemacht habe und geworden bin. Die Menschen, die nicht reich werden wollen, wissen leider nicht wie schön es ist.

Der Weg von der Armut zum Reichtum erfordert sehr viel Disziplin (kognitive Umprogrammierung: viel Lernen, viel Verzicht, viel Risikobereitschaft), denn die Mittelschicht wird übersprungen. Es gibt viele Wege reich zu werden (Gehalt, Vermögen, Erbe), auch in Deutschland. Doch ab wann ist man überhaupt reich?

*PART I - Basis Reference Model (ERV) - "Dynamisches Basisverständnis"*

Als reich hingegen galt in Deutschland im Jahr 2017, wer mindestens das Doppelte des Durchschnitts verdiente, also 7542 Euro - das entspricht einem Jahresgehalt von 90.504 Euro. Das durchschnittliche Vermögen lag bei 60.400 Euro. Der Median ist exakt der Wert, der die deutschen Haushalte in eine reichere und eine ärmere Hälfte teilt. 50 Prozent der deutschen Haushalte besitzen also weniger als 60.400 Euro, 50 Prozent mehr. Knapp jeder 60. Deutsche hatte, ganz grob gesagt, mehr als eine Million Euro - Haus, Auto und Vermögen mit eingerechnet. Bei Erbschaften ist die Statistik löchrig, denn betrachtet werden nur Erbschaften, die den jeweils geltenden Freibetrag übersteigen. Bei Kindern liegt der bei 400.000 Euro, für Ehegatten bei 500.000 Euro. Das heißt: Nur wer mehr erbt, kommt in die Statistik. Das waren 110.563 steuerpflichtige Erbschaften im Jahr 2017. Etwas konkreter wird eine YouGov-Studie aus dem Jahr 2017, demnach erbten 16 Prozent der Deutschen damals mindestens 100.000 Euro.

Eigentlich spielen diese ganzen Statistiken keine Rolle. Wichtig ist es zu verstehen, wie sich ein Weg von null zum Millionär aufbauen lässt. Das verfügbare Einkommen in einer Volkswirtschaft umfasst alle Ausgaben (den Konsum) und die Investitionen (die Ersparnisse) der drei großen Wirtschaftseinheiten: Private Haushalte, Staat sowie Kapitalgesellschaften. Einkommen minus Konsum ergeben die Investitionen. Somit resultieren Investitionen aus den Ersparnissen.

Es kommt nicht darauf an, wie viel ich verdiene, sondern wie viel übrigbleibt bzw. wie ich am Ende des Jahres investiere. „Man kann jeden Euro nur einmal ausgeben", so lautet ein Sprichwort. Allerdings ist es ein wesentlicher Unterschied, ob man dabei als Konsument oder Investor tätig ist. Ob man viel Geld hat oder nicht, hängt sehr stark mit unserer Einstellung zum Geld zusammen. Denn unsere Einstellung dazu legt fest, wie wir mit unserem Geld umgehen, ob wir viel davon verdienen, es sorgsam verwalten und gut investieren, oder ob wir wenig verdienen und es gleich wieder zum Fenster rausschmeißen. Die Einstellung zum Geld ist ein Spiegelbild unserer Grundlebenseinstellung. In der Bevölkerung sehen die Grundlebenseinstellungen meist so aus:

**Arme Schicht:** Ich schaffe es nicht, ich kann es nicht. Die anderen sind schuld. Es handelt sich meist um Langzeit-Einkommenslose und Arbeitnehmer mit niedrigem Bildungsniveau. Wenn Du den anderen die Schuld gibst, gibst Du auch die Macht ab und Du bleibst Opfer. Aber Du kannst es ändern, wenn Du systematisch mit Hilfe dieses Buchs vorgehst.

**Mittelschicht:** Ich will es nicht. Mir geht es gut. Ich nehme kein Risiko. Hier handelt es sich meist um Arbeitnehmer mit gutem Job oder Beamte. Dein Potential ist Dir egal. Du kannst es auch ändern, wenn Du systematisch mit Hilfe dieses Buchs vorgehst.

**Reiche Schicht:** Ich kann es. Ich will es. Ich schaffe es. Es handelt sich meist um Unternehmer, denn ein Unternehmer wird von seinem Mehrwert bezahlt und nicht von den Arbeitsstunden. Er ist schon so programmiert und hat trainiert, seine Visionen durchzusetzen. Je mehr Verantwortung Du übernimmst, desto besser geht es Dir. Dadurch kannst Du sehr viel verändern, wenn Du systematisch mit Hilfe dieses Buchs vorgehst.

Wenn es nach dieser Übersicht geht, gehöre ich zu den Reichen. Allerdings bin ich mein eigener Chef und hatte es auch nicht so einfach bis dahin zu kommen.

Ich musste enorm viel arbeiten und hatte hohe Risiken und Verantwortung zu tragen. Ich bin genau einer von denen, nach denen die Linken neidvoll schielen um meinen Erfolg zu kollektivieren und umzuverteilen. Mit einer solchen Denkweise zerstört man jegliche unternehmerische Ambitionen. Nur, wer schafft dann die Arbeitsplätze? Ich hätte es auch nicht unbedingt bequemer, sondern anders haben können und ein gediegenes Angestelltendasein über die Zeit retten können: Kein Risiko einer Totalpleite, keine Verantwortung für Angestellte, keine Sorgen wie sich das Geschäft entwickeln wird und jeden Monat ein Gehalt. Nur das Risiko der Arbeitslosigkeit besteht, doch das ist kalkulierbarer als vor einem Millionenberg voller Schulden zu sitzen.

Es steht jedem frei das gleiche zu tun und selbst ein Unternehmer zu sein und mit Kompetenz, Weitsicht und viel Durchhaltevermögen sehr reich zu werden. Doch vielen ist dieser Weg zu steinig und der Staat tut sein Übriges dazu, um (das Risiko und) Leistungsbereiten Menschen jegliche Motivation zu nehmen, sodass es am Ende nur noch Angestellte gibt! Nur wer bezahlt die?

Träume brauchen Startkapital: Ob es um eine Weltreise geht oder ein Unternehmen aufzubauen. Aber wenn man sich akribisch mit seinen Ausgaben beschäftigt, wird man schnell sehen, dass wir nicht zu wenig Geld haben, sondern dass wir zu viel davon verschwenden!

Egal zu welcher Schicht man gehört, es wird immer gelten können, dass man mit seinen Ausgaben fast nie auf null fahren kann. So ist das menschliche Zusammenleben konstruiert und so ist auch das Wirtschaftssystem aufgebaut.

Daher neigen wir oft dazu, immer mehr Geld auf der Einnahmeseite zu generieren, um sich weniger mit der Ausgabenseite zu beschäftigen. Dieses Phänomen können wir bei vielen Familien sehen, die meinen, dass die Bank sich besser (als Du selbst) um ihre Ausgaben kümmern kann. Sonst würde niemand zu der Bank gehen, wenn es darum geht, zukunftsorientierte Investitionen zu tätigen (Rente, Immobilie, Finanzmarktgeschäfte, Autos, etc.).

Dabei merken wir oft, dass die Armen Schulden anhäufen und die Reichen Vermögenswerte anhäufen, um passives Einkommen zu generieren. Ja, manchmal kannst Du Dein Einkommen nicht steuern.

Aber Deine Ausgaben hast Du eigentlich immer im Griff, die meisten zumindest. Daher finde ich unmoralisch, Geld von den Reichen zu nehmen, um es den Armen zu geben. **Moralisch dagegen finde ich, die Formatierung der Reichen zu nehmen, um es den Armen zu geben. Hier findet bei der Entnahme eine Form des Kopierens und nicht eine Form des Löschens statt.** So könnten wir eine bessere Welt bauen.

Wenn wir von der Eigeninitiative ausgehen, kann Jeder den Weg von einer Schicht zu der Anderen wie folgt erarbeiten:

=> (1) Der Weg von der armen Schicht zu der Mittelschicht erfolgt primär durch **Bildung**.

=> (2) Der Weg von der Mittelschicht zu der reichen Schicht erfolgt primär durch **hohe Risikobereitschaft für eigene Werte**.

=> (1) + (2) Der Weg von der armen Schicht zu der reichen Schicht erfolgt primär durch **Bildung und hohe Risikobereitschaft für eigene Werte**.

=> (3) Der Weg um sich in der reichen Schicht zu halten, erfolgt primär durch **die Stabilisierung und Übertragung der eigenen Werte**.

# ENTWICKLUNGSINSTRUMENTE (ERV MODEL)

Die Denkstrukturen können wie folgt darauf abgebildet werden: (1) Die Entwicklung von der armen Schicht zu der Mittelschicht funktioniert mit einem **linearen** Denkansatz im persönlichen Einflussraum durch Bildung. (2) Die Entwicklung von der Mittelschicht zu der reichen Schicht funktioniert mit einem **interdisziplinären** Denkansatz im persönlichen Einflussraum durch die Risikobereitschaft. (3) Die Entwicklung um sich in der reichen Schicht zu halten, funktioniert mit einem **vernetzten** Denkansatz im persönlichen Einflussraum durch die Stabilisierung und Übertragung eigener Werte.

Die Entwicklungswege von arm zu reich und privat zu gesellschaftlich, die auch das Erleben von unvermeidbaren Augenblicken *(lächerlich, gefährlich, selbstverständlich)* inkludieren, stelle ich wie folgt dar:

| Gesellschaftliche Schicht | Reich | + | + | Eigene Werte Übertragung / Stabilisierung *(Value)* |
|---|---|---|---|---|
| | Mittel | + | Kapitalisierbare Risiko-Entscheidung *(Risk)* | - |
| | Arm | Bildung *(Education)* | - | - |
| Entwicklungs-Instrumente | | (Linear) Privat | (Interdisziplinär) Geschäftlich | (Vernetzt) Gesellschaftlich |
| | | (Denkstrukturen und) Persönlicher Einflussraum | | |

Darstellung 2: Basis Reference - ERV Model (PRIMÄRE DIMENSION)

# DIE MACHT DER DISZIPLIN FÜR INTELLIGENZ UND GEGEN DUMMHEIT

Somit kann ich resümieren, dass es nicht primär um die Frage geht, wie Du mit dem Geld umgehst, sondern es geht darum wie Du formatiert bist. Mit dem Geld umzugehen ist nur eine Folge daraus. Also der Umgang mit Geld ist eine Folge des persönlichen Formats, das durch die Intelligenz gesteuert wird. Aber **was ist eigentlich Intelligenz?** Intelligenz ist ein Sammelbegriff für die kognitive bzw. geistige Leistungsfähigkeit. Da einzelne kognitive Fähigkeiten unterschiedlich stark ausgeprägt sein können und keine Einigkeit besteht, wie diese zu bestimmen und zu unterscheiden sind, gibt es keine allgemeingültige Definition der Intelligenz. Vielmehr schlagen die verschiedenen Intelligenztheorien unterschiedliche Operationalisierungen des alltagssprachlichen Begriffs vor. Für mich ist Intelligenz die Fähigkeit des Menschen, abstrakt und vernünftig zu denken und daraus zweckvolles Handeln abzuleiten. **Dummheit** ist also ein Mangel an Intelligenz und lässt sich nicht zweckvoll moralisch oder finanziell kapitalisieren.

Glücklicherweise beruht die Disziplin auf dem Willen und lässt sich wie ein Muskel trainieren. **Man braucht also nur zwei intelligente Elemente in der Disziplin, um erfolgreich zu sein: Vernetzt Denken und gesellschaftlich Handeln.** Diszipliniertes Denken und Handeln erfordert, dass man mit sich selbst herrlich sein muss und somit, unabhängig von seinem Umfeld, sich selbst definieren kann. Das impliziert auch, dass man akzeptieren muss, ständig gegen den Strom zu navigieren.

Die Frage der Intelligenz wird mit den hergestellten Verknüpfungen aufgearbeitet, um die persönliche Formatierung zu steuern. D.h., dass kein Mindest-Intelligenzniveau (oder Leistungsniveau) vorausgesetzt wird, um mit dem Success Value Management erfolgreich zu sein. Du sollst nur bereit sein, **Deine Verknüpfungen im Kontext „Frage – Antwort (Argument – Gegenargument)" immer wieder neu herzustellen.**

# PART 2 – PRIVATE DIMENSION

## *Active Perception Model (QACC) - "Grundwerte"*

| | | |
|---|---|---|
| **Werkzeugkasten für das Success Value Management** | I | ERV Basis Reference Model „Primär"<br>Mit diesem Modell als Entwicklungsreferenz von arm zu reich bilde ich aus dem bestimmenden Lebensinhalt mein persönliches dynamisches Basisverständnis ab. |
| | II | **QACC Active Perception Model „Privat"**<br>**Mit den allgemeinen Verknüpfungen aktiviere ich durch dieses Vorgehensmodell meine Perzeptionsfähigkeit. Dadurch steigere ich meine Intelligenz und setze meine Dummheit temporär aus, denn Dummheit ist ein Mangel an Intelligenz. Hier modelliere ich meine Grundwerte.** |
| | III | ASAI Entrepreneurship Model „Geschäftlich"<br>Mit diesem Kreislaufsystem lerne ich meine Investition (Business-Idee) zu verstehen und nahezu konstant zu halten. Hier baue ich meine Kapital-Überzeugung auf. |
| | IV | SSSS Corporate Management Model „Gesellschaftlich"<br>Mit diesem Instrument manage ich meine Investition (mein Unternehmen) nachhaltig, um erfolgreich zu wirtschaften. Hier lebe ich mein Unternehmen. |
| | V | LSNP Reflection Model „Evolutionär"<br>Mit der Überprüfung beobachte ich, ob meine Managementenscheidungen zu meinen Ergebnissen in Verhältnismäßigkeit für die Allgemeinheit passen. Und auch für meine eigene Persönlichkeit beobachte ich, ob meine Werte zu meinen Gewohnheiten passen. |

## KAPITEL DREI
# GEDANKENBILD ZUM MANAGEMENT

Du wirst es im Management besser machen können; Warum?

Weil: Nachdem Du diese Arbeit gelesen hast, wirst Du Dich selbst gezielt hinterfragen und dabei Antworten sowie Verknüpfungen für Dich generieren. Somit hätte ich grundsätzlich als Erfolg einen wichtigen Beitrag für Deine Entwicklung geleistet; Und zwar hauptsächlich, wenn Du es systematisch umsetzt oder auch systematisch nicht umsetzt. Das ist die Definition meines Erfolges und nicht die Anzahl von verkauften Büchern. Du wirst diese Arbeit nur über das Lesen nicht besser

> *(Q = Questions) Warum-Fragen stellen,*
>
> *(A = Answers) Antworten herausfinden*
>
> *=> A+C Argument + Counter argument,*
>
> *(C = Connections) Verknüpfungen herstellen.*

verstehen können, sondern über die Umsetzung der Inhalte in Deinen täglichen Aufgaben. Denn Kompetenz wird nicht nur durch das Lesen (Wissen) erworben, sondern durch das Tun (Können)!

Wir müssen uns heute einfach mal eingestehen, dass wir, im Hinblick auf den Wissensstand des Wirtschaftssystems, genauso da stehen wie das vor etwa dreihundert Jahren in der Medizin der Fall war. Wir wissen vom Wirtschaftssystem fast nichts, aber in ganz kleinen Schritten geht es voran, denn die integrierten dynamischen Schnittstellen im Wirtschaftssystem machen es sehr komplex.

Einen elementaren Beitrag zur Komplexitätsreduktion kann der bewusste Aufbau der eigenen Gedankenbilder zu dem möglichst korrekten Abbild der Realität leisten. Gedankenbilder können bewusst wie folgt aufgebaut werden: (1) Warum-Fragen stellen, (2) Antworten (Argumente und

Gegenargumente) herausfinden, (3) Verknüpfungen herstellen. Wenn Du nicht weißt, was Du suchst, wirst Du nicht verstehen, was Du findest. Hier modelliere ich die Grundwerte. **Mit den Verknüpfungen aktiviere ich meine Perzeptionsfähigkeit. Dadurch steigere ich meine Intelligenz.** Aus diesem Prozess ist der Success Value Management Ansatz entstanden.

## Dein Gedankenbild (QACC Model)

| | |
|---|---|
| 1. (Warum-) Fragen? | ------------------------------------------------- <br><br> ------------------------------------------------- |
| 2. Antworten: Argumente und Gegenargumente? | ------------------------------------------------- <br><br> ------------------------------------------------- |
| 3. Hergestellte Verknüpfungen? | ------------------------------------------------- <br><br> ------------------------------------------------- |

Darstellung 3: Active Perception - QACC Model (PRIVATE DIMENSION)

Wenn Du im Kontext „Frage-Antwort" bleibst, wirst Du nicht innovierend sein können und somit für Dich irrelevante Themen auch nicht erkennen. Es ist es sehr wegweisend, die qualitativ ähnliche Argumentationskette für die Negation Deiner Antwort (Gegenargumente) herauszufinden. Nicht nur das Paradox (der Widerspruch in sich, wie z.B. "Die einzige Konstante im Leben ist die Veränderung") erweitert Deinen Denkhorizont, sondern vielmehr das Gegenargument (der unmittelbare Widerspruch). Erst danach benötigst Du eine kalibrierte Beschäftigung mit Verknüpfungen, um Dich weiterzuentwickeln. Denn es ist auch faszinierend, was man alles lernen kann, wenn man es schafft, den Mund zu halten. In diesem Sinne wünsche ich Dir viel Erfolg bei Deiner kontextbezogenen Management-Auseinandersetzung! Du hast es doch vor, oder? Sonst würdest Du wohl kaum diese Arbeit lesen wollen. Vielen Dank für Deine Rückmeldung!

*Part II: Active Perception Model (QACC) – "Grundwerte"*

# Praxis in der Zusammenfassung

Fakt ist: Im Vergleich zur Physik ist es erschreckend, wie wenig wir über uns selbst und somit vom Wirtschaftssystem verstehen. Deswegen scheint es mir ersichtlich, dass Newton oder Einstein Lösungen für relativ stabile Systeme hatten. Aber das Wirtschaftssystem ist viel komplexer.

Wenn Du Dir das derzeitige Wirtschaftssystem anschaust, dann wirst Du sehen, dass Dinge passieren, die von Analysten vielleicht dargestellt, aber nicht erklärt werden können. Als ab 2007 eine Blase nach der anderen an der Börse geplatzt war, standen sie alle ratlos da und wussten nicht was passiert. Als Banken pleitegingen, wusste man im Nachhinein so halbwegs, was schiefgelaufen ist. Man vermutete es eher in den Begründungen. Mehr brauchte es aber auch nicht. Gelernt hat man auch nichts daraus, denn es kam Hilfe (nicht zu knapp) und nach zwei Monaten wussten die Banker schon gar nicht mehr, wie man das Wort Krise überhaupt ausspricht (N.B. diese gesprochene Krise ist ein selbstgemachtes Phänomen, um einfach die Schuldigen nicht benennen zu müssen. D.h. die Aufmerksamkeit wird mit dem Wort Krise in eine Richtung gezogen, die ziemlich schnell verdampft). Das Wirtschaftssystem ist so kompliziert und komplex gemacht, dass Politiker Kommissionen brauchen, die ihrerseits Berater anheuern, welche wiederum Wirtschaftswaisen beauftragen, um das ganze System steuern zu können. Leider reden die dann so einen Schwachsinn, dass man zwar nicken kann, aber es trotzdem nicht versteht. Das heißt, die Herrschaften kochen ihre eigene Suppe und lassen sich dabei nicht über die Schulter schauen und können deshalb machen was sie wollen. Wie das geht, lernen sie vermutlich schon im BWL-Studium.

Schauen wir mal die Bank als zentrales Element im Wirtschaftssystem an, wenn sich die meisten schon mit aller Gewalt dagegen entscheiden, das Geldsystem verstehen zu wollen. Meine Beobachtung ist, dass ein Banker eigentlich Vertriebler ist, der inhaltlich kaum Finanzprodukte kennt. Die Bank ist eine der Branchen auf der Welt, in der es legal ist, schlechte Ratschläge zu geben, das Geld von den Kunden zu verspielen und Jahr für Jahr Geld von den Kunden zu kassieren. Der Banker hat primär kein Interesse daran, dass Du Geld verdienst, der Banker hat vorrangig Interesse daran, dass Du Geld auf bestimmte Produkte setzt, für die er seine Provisionen verdient.

Das einfache bzw. das arbeitende Volk, also die Menschen, welche die Wertschöpfung erbringen, verstehen nicht, wieso Pleitebanken Geld bekommen, weitermachen dürfen, andere Banken mitmachen und am Sparkassenschalter ein Kurzkredit mangels Bonität abgelehnt wird. Sie verstehen auch nicht, wie es möglich ist, unheimlich viel Geld zu verdienen und keine Steuern zu zahlen. Sie verstehen nicht, wie Agenturen den Geldmarkt, die Politik und auch den Arbeitsmarkt bestimmen, indem sie mit reinem Schein betrügen. Entschuldige die harte Ausdrucksweise; Das gilt im großen Systemkontext. Im Kleinen sieht es so aus: Eine Belegschaft tut ihren Dienst und bekommt plötzlich einen Auswärtigen zur Seite gestellt, der die Arbeit beobachtet und bewertet. Die Belegschaft muss auf wohlgestaltete Zettel aufschreiben, was sie macht und wie lange sie dafür braucht. Am Ende der halbjährlichen Beobachtung wird die Belegschaft verkleinert - ein Betriebswirtschaftler (BWLer) würde sagen: Effektiver gemacht. BWLer können in Unternehmen aufgrund ihres Wissens gleich oben einsteigen. Oben bedeutet, sie dürfen Entscheidungen treffen, Angestellte leiten, die Geschicke des Unternehmens mitbestimmen. Das ist gut, denn sie wissen sehr viel - theoretisch. Das nicht so gute daran: Praktisch haben sie keinen blassen Schimmer und richten in meinen Augen damit sehr viel Schaden an.

Eine Gesellschaft, die sich der Planwirtschaft ergibt, geht in eine Wohlstandillusion hinein. Leider wird diese Wohlstandillusion sie in den Abgrund führen, wenn sie es nicht rechtzeitig merkt. Meine Eltern meinten, dass uns auf der Erde ein Paradies versprochen wird, aber die Hölle abgeliefert wird. Dann fragte ich, warum sie mich zur Welt gebracht haben. Ihre Antwort: Wir waren immer noch in der Illusion des Paradieses.

Die Paradies-Momente lassen mich immer mehr die Perversität des Systems erkennen. Z.B. wenn Menschen, die keine Lohnarbeit ausführen, Arbeitslose statt Einkommenslose bezeichnet werden. Lohnarbeit heißt für Andere zu arbeiten und das erzeugt Druck und Angst. Der sogenannte Arbeitnehmer verkauft sich mit seiner Arbeitsleistung an seinen

Arbeitsgeber für Tätigkeiten, die der Arbeitsgeber für sich als wichtig betrachtet. Es geht noch weiter: Ist Deine Lohnarbeit sehr gut bezahlt, erfährst Du von der Allgemeinheit mehr Anerkennung. Leider sind die Einkommenslose aber meist Hausfrauen und freiwillige Helfer (Feuerwehr, Pflege, etc…), die eine essenzielle Systemrelevanz haben. Warum ihr wesentlicher Beitrag zur Gemeinschaft keine monetäre Anerkennung erfährt, sei dahingestellt. Daher würde ich das Reset an der Wurzel des Systems ansetzen, indem ein bedingungsloses Einkommen eingeführt wird: Die Menschheit würde sich gesünder weiterentwickeln und Freiheit genießen dürfen. Unsere Gesellschaft, die es sich von seinen materiellen Ressourcen leisten kann, muss jedem Menschen die Möglichkeit bereitstellen, ohne Existenzsorgen sein Leben zu leben. Meine einzige Befürchtung ist, dass die Dummheit der Menschheit als Form der Ausnutzung reflektiert wird, nur weil das System uns bis dato so dumm formatiert hat. Ein langer Erziehungsprozess wird notwendig sein. Du würdest die Geschichte allerdings manipulieren, wenn Du meine Aussage im Neoliberalismus siehst, denn dort wird was völlig anderes im Kern gemeint. Es ist sicherlich an der Zeit das bedingungslose Grundeinkommen einzuführen, wenn die, meist von Menschen durchgeführte, Routinearbeit bald wegfällt und durch Robotik ersetzt wird.

Betriebswirtschaftslehre ist in meinen Augen der Grundstein zur systematischen Irrlehre. Es findet ein mangelndes Zusammenhangs-Denken statt. Das ist jetzt sehr vereinfacht ausgedrückt und mag in einigen Beispielen nicht stimmen. Ich bin trotz allem fest davon überzeugt, dass eine vernünftige Lehre in einem mittelständischen Betrieb, mehr betriebswirtschaftlichen Nutzen bringt, als jedes Studium allein. Ich bin der Meinung, ein Student, gerade ein Betriebswirtschaftler sollte nach seinem Studium und vor seinem Einsatz als Führungskraft die Basisarbeit in einem Unternehmen ausführen. Anders und einfacher ausgedrückt: Sehen die Leute die Arbeitsabläufe am Band, die Bedingungen in der Produktion, den Murks in der Planung, dann können sie wirklich Entscheidungen treffen. Entscheidungen, die fundiert und gut für ein Unternehmen und die Wirtschaft sind.

Je nach Betrachtungswinkel und Argumentationskette mag es in einigen Beispielen nicht stimmen, aber mit dieser Tatsache wird es in diesem Jahrhundert nicht mehr möglich sein, perfekt zu sein, sondern wird es lediglich immer möglich sein, sich zu perfektionieren.

Im Endeffekt geht es im Wirtschaftssystem um das zentrale Element des Geldes und genau da liegt das eigentliche Problem bzw. die Krankheit des Systems. Meiner Ansicht nach, sollte man sich viel mehr darum kümmern, wie das Geldsystem funktioniert, um sich die Erfolge, die z.B. die Umwelt-Aktivisten (wie der Friedensnobelpreis 2017 „www.icanw.org" - Internationale Kampagne zur Abschaffung von Atomwaffen) bis dato erreicht haben, anzunähern. Dann hätten wir durch diese Massenbewegung zuerst eine grandiose Revolution und danach würde es uns allen viel besser gehen. Es könnte uns viel besser gehen, wenn wir uns z.B. das Thema der Umweltneutralität zu Herzen nehmen. Aber dieses Thema kann leider nur von den Reichen (Werte) zur generellen Durchsetzung für die Allgemeinheit nachhaltig angestoßen werden. Wenn die Reichen es nicht tun, wie sollen die Armen damit umgehen. Alles ist sehr eng mit dem Wirtschaftssystem und somit mit dem Geld verbunden. Mit der Umweltneutralität soll sichergestellt werden, dass der Mensch die Verantwortung übernimmt, die Welt zumindest so zu verlassen, wie er sie vorgefunden hat.

Du sollst flexibel und anpassungsfähig sein, und es wird Dich nicht daran hindern, Deinen Grundsätzen treu zu bleiben. Denn die einzige Konstante im Leben ist die Veränderung. Du musst hart daran arbeiten, um Deine Würde zu verdienen.

Wir müssen die Welt daran erinnern, dass sie ein schöner Platz ist, und dass wir im Inneren sehr schöne Menschen sind, egal wie wir aussehen. Es gibt für mich immer noch keinen würdigen Grund, warum wir alle in dieser Welt kein Recht auf ein Existenz-Minimum haben dürfen.

Kein Mensch ist ohne Geschichte denkbar und ich finde die Geschichte zweckmäßiger, wenn sie nicht verfälscht wird. Somit könnten wir besser lernen, unsere Gewohnheiten zum Wohle der Gemeinschaft und im allgemeinen Interesse ein wenig zu ändern.

**Meine zugehörige Weltbetrachtung:** Wenn eine Frau ein Kind bekommt, wird der Mann nie wissen, wie schmerzhaft das ist. Das heißt, wer Rassismus nicht selber an seinem eigenen Körper erlebt hat, der wird niemals wirklich fühlen können, was es bedeutet. Es ist ein Schmerz, den man in sich trägt und nicht verdrängen kann.

Die zahlreichen Experten sind eigentlich die Unterdrückten, die oft keine Stimme haben, um die breite Masse aufzuklären. Die Ausbeutung von Menschen durch Sklaverei ist eng mit der Geschichte des Kapitalismus, mit dem Rassismus, aber auch mit dem Widerstand gegen Sklaverei verbunden. Die Sklaverei bekam durch seine transatlantische Ausprägung eine fundamental entmenschliche Dimension: Ein Individuum und seine Nachkommen wurden zur Ware. Der Kolonialismus hat zum einen viele rassistische Bilder produziert, die bis heute nachwirken. Doch Rassismus ist ein System, das mit der Absicht entstanden ist, eine bestimmte Weltordnung herzustellen. Es wurde über Jahrhunderte aufgebaut und ist sehr mächtig, so wird man erzogen bzw. sozialisiert. Darin wurde die Hierarchie rassifizierter Gruppen festgeschrieben und die lautet: Weiße ganz oben, Schwarze (Bevölkerung, Regionen) ganz unten.

Es geht hier nicht darum, eine Reparationsentschädigung zu verlangen, sondern lediglich um eine Akzeptanz zur menschlichen Zugehörigkeit. Weiße Menschen können jeden Tag aufwachen und sich entscheiden, ob sie sich mit Rassismus auseinandersetzen wollen. Ich als Schwarzer kann das nicht. Die Hautfarbe ist nicht egal. Leider nicht. Das zu ignorieren, bringt uns nicht weiter. Es ist ein wichtiger Teil der Identität und spiegelt Dein Verhältnis zur Weltgeschichte wider.

Mein eigenes Leben ist hart, aber es bedeutet eben auch aufgrund dieser Weltgeschichte, dass dieses Leben wegen meiner Hautfarbe als Schwarzer noch härter ist. Daher stelle ich fest, dass **meine Lösungen, die ich in diesem Buch darstelle, eine enorme Kraft für Deine persönliche Entwicklung sicherstellen werden: Egal ob Du Schwarz oder Weiß bist. Denn wir sind noch nicht in der Zeit angekommen, in der wir auch inkompetente Schwarze in wichtigen Positionen bei den mächtigen Industrieländern finden.**

## KAPITEL VIER
## DER UNTERNEHMER-SPIRIT

Es benötigt keine Erlaubnis, um Unternehmer zu sein. Aber Du solltest einen unglaublichen Spirit für Dein Unternehmen haben: Du kletterst nicht direkt von nichts zu etwas Großem. Du stößt auf ein Hindernis, kletterst darüber und erreichst die nächste Ebene des Plateaus. Du überquerst die Linie erneut, überquerst ein anderes Hindernis und steigst wieder in die nächste Ebene auf.

Das hört sich vielleicht einfach und logisch an, ist aber nicht selbstverständlich. **Das Durchhaltevermögen setzt voraus, dass Du eine hohe Risikobereitschaft für Deine eigenen Werte und das notwendige Wissen mitbringst.** Das ist nicht aus den Augen zu verlieren. Wenn wir von Mut reden, verbinden wir es systematisch mit Durchhaltevermögen.

## Mut als Potential in Angst: Übeltäter "Politiker, Banker, Manager und sein eigenes Umfeld"

Wenn ein Baby laufen lernt, fällt es ständig um, und trotzdem hört es nicht auf, es weiter zu versuchen. Babys denken nicht: "Ich kann nicht laufen. Ich sehe dumm aus, alle lachen mich aus. Ich werde von jetzt an nur noch kriechen". Als Menschen haben wir von Natur aus keine Angst dumm auszusehen oder zu versagen - wir werden darin erzogen. Das ist sehr wichtig zu verstehen!

Was passiert, wenn Du Dich weiterentwickeln willst und Du hast privat eine bestimmte Zeit wöchentlich fest geplant, um mit Deiner Familie und Deinen Freunden Zeit zu verbringen bzw. sie zu besuchen. Für mich ist diese Frequenz (wenn man sich in einer Phase der bewussten Entwicklung befindet) zu reduzieren und meist anders besser einsetzbar. Denn Du begibst Dich bei Deinem Umfeld in einem ständigen Harmonie-Kontext, der Dich zweckmäßig nicht puschen kann. Lieber bist Du da allein und formatierst Deine Gedanken. Denn niemand will beim Scheitern, auch besonders in Risikophasen, involviert sein. Das ist unser größtes Gift.

Darüber hinaus verwirren uns die Politiker (um nicht belügen zu sagen) meist mit Kennzahlen und wir werden mit illusionierter Demokratie geblendet. Bankberater sagen uns nicht, dass sie eigentlich Vertriebler sind und Manager in Großkonzernen rechtfertigen nicht ihre üppigen Gehälter. Wenn Du mit diesen Personengruppen zu tun hast (persönlich oder medial), wende aktiv das QACC Modell an. Und wenn Du immer noch in der Situation bist, die Dir das Versagen innerlich prognostiziert, musst Du Deine Ängste notieren (nicht Deine Ziele): Die Leute sagen Dir immer, Du sollst Deine Ziele aufschreiben, aber ich schreibe meine Ängste auf. Wenn Du Deine Ängste aufschreibst, sehen sie weniger beängstigend aus. Wenn Du Deine eigenen Ängste und Risiken einschätzt, ist es erstaunlich, wie viel Mut Du erkennen wirst. Es gibt einen Unterschied zwischen dem Scheitern und dem Kampf gegen das Scheitern: Du musst nicht mit dem Scheitern kämpfen. Das soll eine bewusste Wahl von Dir sein. Wenn Du die Tatsache akzeptierst, dass die Person, die am meisten versagt, gewinnt, kannst Du auch akzeptieren, dass es ein wichtiger Teil Deiner Arbeit ist, sich für etwas zu engagieren, das versagt. Je mehr Du dies tust, desto mehr wirst Du zurückblicken und feststellen, wie weit Du gekommen bist. Es geht darum, jedes Hindernis zu überwinden und nicht aufzugeben. Potential verstehe ich als die Gesamtheit der vorhandenen Möglichkeiten und Fähigkeiten.

Um weiter in Deinem Horizont zu bleiben, brauchst Du Leidenschaft. Sei leidenschaftlich in Deinem Geschäft (nicht in Deinem Markt). Wenn "Reiten bei Dir eine Leidenschaft ist", dann sieht man eine große Begeisterung, eine ausgeprägte (auf Genuss ausgerichtete) Neigung, eine Passion für etwas. Man verschafft sich immer wieder das, was man zu besitzen sucht, genauso wie eine bestimmte Tätigkeit, der man sich mit Hingabe widmet.

*Part II: Active Perception Model (QACC) – "Grundwerte"*

# Leidenschaft im Geschäft und nicht im Markt

Ich denke; viele Unternehmer beschränken sich auf die Märkte, für die sie eine Leidenschaft haben. Persönlich bin ich leidenschaftlich geschäftlich. Als ich in das Fußballgeschäft eingestiegen bin, war ich nicht vom Fußballmarkt begeistert. Ich lasse mich nicht einmal gern beraten, aber ich weiß, dass andere Leute es tun. Ich glaube nicht, dass Du die Leidenschaft aus dem Prozess entfernen kannst - jemand wird immer leidenschaftlich sein. Also sehe ich mich als Investor und Unternehmer mit der Leidenschaft in Geschäftsprozessen.

Meine Geschäftstätigkeiten sind heute auf dem „Innovation Gap" oder der „Valley of Death" fokussiert. Valley of Death nennt man die Finanzierungslücke, der sich viele Startups und neue Technologien gegenübersehen. Sie wurden in der Forschungs- und Entwicklungsphase noch umfassend unterstützt – häufig durch öffentliche Programme –, so fehlt es danach an finanzieller Hilfestellung für die frühe Gründungsphase. Leider oder zum Glück ziehen es die meisten privaten Investoren vor, sich später einzubringen, wenn sie die Erfolgsaussichten eines Projekts besser einschätzen können.

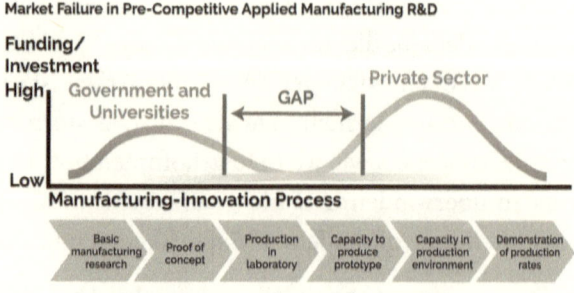

Darstellung 4: Gap "Valley of Death"

Ich wünschte, es wäre anders, aber es ist, wie es ist: Das Silicon Valley ist zum Death Valley für Innovation geworden. Die Köpfe sind in beunruhigender Weise gleichgeschaltet. Bahnbrechende technische Erfindungen werden nicht mehr erleichtert oder ermöglicht, sondern erschwert und manchmal auch abgewürgt.

Alle reden von Innovation und Disruption. Das geschieht immer genau dann, wenn Innovation und Disruption nicht mehr wirklich stattfinden.

Das Business-Modell der kalifornischen Tech-Giganten ist problematisch, ja eigentlich marode, und zwar von Anfang an. Die meisten User sind ja schlicht nicht bereit, für die Benutzung der Plattformen Geld zu bezahlen. Deshalb haben sich die Tech-Giganten was einfallen lassen: Sie gaukeln den Traum des kostenlosen Gebrauchs vor – und die User zahlen mit ihren privaten Daten.

Heute investieren Fondsmanager, die mit dem Geld Dritter hantieren, erkleckliche Summen, um möglichst einen schnellen Return on Investment zu erzielen. Wenn man da heute mit technisch schwierigen Sachen auftritt, die man nicht nach drei Jahren an einen der Platzhirsche verkaufen kann, hat man sehr schlechte Karten dafür, ein Investment zu bekommen. Die Risikokapitalgeber wollen teilhaben am Hype, sie wollen keine Probleme lösen, die die Menschen voranbringen. Etliche Gründer verlieren dann in so einem Investment-Klima auch die Motivation, langfristig etwas aufzubauen.

Mein Business ist nicht nur für Unternehmer. Viele Unternehmer (auch Leute, die eine Nebenbeschäftigung beginnen oder Freiberufler werden möchten) denken, dass sie in einen Markt einsteigen müssen, den sie leidenschaftlich lieben. Aber entweder passt ihre Leidenschaft nicht zum Markt, der nach einem Produkt hungert, oder sie schränkt sie nur in gewisser Weise ein.

Meine Leidenschaft ist das Geschäft, also ich kann in jeden Markt eintreten und mich wirklich gut behaupten. Ich bin geschäftlich eingestellt. So sehe ich das: Wenn ich in einen Markt eintrete, indem es einfach ist, Geld zu verdienen und ein gutes, solides Geschäft aufzubauen, kann ich mit dem Geld Zeit und Freiheit kaufen und meinen Leidenschaften nachgehen. Dies ist mein ultimatives Geschäftsmodell. Wie gesagt, ich verstehe mich eher als Geschäftsinhaber und nicht als jemand, der eine Leidenschaft für einen bestimmten Markt hat.

## Freiheit (Geld) - Diese Sicht verändert sofort Dein Leben

Hast Du Dich jemals gefragt, wie es wäre finanzielle Freiheit zu leben? Geld macht den Unterschied zwischen Zustimmung und Unterwerfung. Geld macht frei. Über diesen Satz rümpfen die Moralisten der wahren freiheitlichen Werte gerne mal die Nase. Freiheit allein als Ergebnis wirtschaftlicher Unabhängigkeit? So simpel kann das ja wohl nicht sein. Zugestanden, ganz so simpel ist es nicht. Allein wachsender wirtschaftlicher Wohlstand macht nicht frei. Aber wenn Du arm bist, bist Du schon per se diskriminiert, weil sogar ein Armer den Reichen bevorzugen wird. Es liegt in der Natur der Sache. Anstatt zu jammern, sollst Du es lieber erkennen und im Sinne der eigenen Entwicklung handeln.

Was würdest Du tun, wenn Geld keine Rolle spielen würde? Was würdest Du Dir von Deinem Leben wünschen? Eine der häufigsten Antworten ist Freiheit. Doch Freiheit ist kein käufliches Gut, sondern ein Lebensstil und eine tägliche Entscheidung. Geld ist aber in diesem Zusammenhang, wie unser globales Wirtschaftssystem aufgebaut ist, eine Voraussetzung für Freiheit. Mit ihm kommt die wirtschaftliche Unabhängigkeit. Diese hilft gegen Kommunismus, religiösen Fanatismus und die Überheblichkeit einer selbst ernannten Elite.

Wir können viele moralische Debatten führen. Wichtig wäre erst mal, jeder und jedem die Chance zu geben, wirtschaftlich unabhängig zu sein. Wenn Du heute kein Geld hast, bist Du stark eingeschränkt und dadurch nicht frei. Es würde mich wundern, wenn man eine Weltreise ohne Geldunterstützung durchführen kann. Es geht einfach nicht.

Warum Freiheit? Freiheit gibt einem die Möglichkeit, so auszusehen, wie man möchte und zu tun, was man will. Weil der Mensch nicht primär dafür gemacht ist, bestimmte Gesetze zu befolgen, die sich andere Menschen ausgedacht haben. Deshalb ist es mindestens ebenso wichtig, nicht nur sich selbst, sondern auch anderen Freiheit einzuräumen. Es ist das Streben danach, das uns in Spannungsfelder bringt. **Für mich ist Freiheit, die Möglichkeit zu haben, das umzusetzen, was ich mir vornehme.**

Die Suche nach Freiheit hat dazu geführt, dass ich die finanzielle Sicht der Freiheit zuerst zu erreichen hatte. Das hat mich in Konflikt mit meiner Mutter gebracht, eine sehr religiöse und gläubige Frau. Zum Glück war ich da schon 25 Jahre alt und musste eh meinen Lebensunterhalt selbst bestreiten.

Da erkannte ich, dass es eine große Konfusion zwischen Religion und Spiritualität gibt, die wirklich unterschiedliche Betrachtungen nach sich zieht. Meine verstorbene Mutter glaubte, dass Gott existiert und hatte eine Religionszugehörigkeit. Mein verstorbener Vater glaubte, dass Gott nicht existiert. Aber sie beiden hatten eine Gemeinsamkeit, denn **sie glaubten gemeinsam an was, dass sie überhaupt nicht wussten.** Wie es den Beiden nach dem Tod geht, weiß ich nicht. Nur Fantasien in diesem Zusammenhang haben einen Platz und nicht die Realität. Die Realität bei mir ist immer noch der Schmerz von diesen Verlusten und die Freude noch am Leben teilzunehmen.

Gott, Schicksal, Glück und Anstrengung sind alle sehr wichtig, aber das Einzige, was wirklich wichtig ist, ist die Anstrengung. Deswegen widme ich 100% meiner Fähigkeiten meinen Anstrengungen. Das ist das Einzige, das ich direkt und spürbar beeinflussen kann. Aber diese Anstrengungen müssen kalibriert sein, sonst wird man nicht erfolgreich frei.

Um zurückzukommen auf die Essenz des Erfolges, erleben wir zwei wesentliche Elemente: Die eigenen Glaubenssätze und der Wille. Am Ende geht es darum, ob diese Glaubenssätze hilfreich sind oder nicht, und es geht nicht darum, ob die falsch oder richtig sind. Wenn ich meine Glaubenssätze durchleuchten will, muss ich einfach sehen, wie ich lebe. Wenn ich also eigentlich so nicht leben will, dann muss ich bei meinen Glaubenssätzen anfangen und dann wird sich das auch nach außen zeigen.

Um meine finanzielle Freiheit zu erlangen, musste ich mich intensiv mit der Frage des Geldes auseinandersetzen. Denn das zentrale Element des Wirtschaftssystems ist Geld. Mit dem Hintergrund, dass Geld hilfreich und Geldgier schädlich ist, war also klar, dass Geld nicht das Problem war, sondern Ich.

Es geht darum, die Art zu verändern, wie Geld in Dein Leben fließt. Gary und Dain haben mit vielen Menschen an Geldproblemen gearbeitet: Von Leuten, die 10 Dollar in ihrer Tasche hatten, bis zu Leuten, die 10 Millionen hatten. Das Interessante ist, dass sie alle dasselbe Problem haben und es nichts mit Geld zu tun hat. Es hat mit dem zu tun, was sie nicht bereit sind zu empfangen. Was Du nicht bereit bist zu empfangen, erschafft die Begrenzungen dessen, was Du haben kannst. Steigere Deine Perzeptionsfähigkeit! Verändere das und Geld wird kein Thema mehr sein.

Interessant ist auch zu beobachten, was die Reichen ihren Kindern über Geld beibringen. Warum die Reichen reich und die Armen arm sind. Also hier stelle ich die zu beantworteten WIE-Fragen auf:

- Wie gebe ich Geld aus: Konsument vs. Investor?
- Wie komme ich zu Geld: Aktives vs. Passives Einkommen?
- Wie bin ich programmiert: Fixed mindset vs. Growth mindset?

Man kann schwer sagen, dass man es in der Schule gelernt hat. Und wenn es so wäre, war Dein Lehrer wirklich reich? Die Lehrer wissen vielleicht viel, aber sind selber finanziell nicht wirklich reich, wie sollen die den Schülern das echte Reichsein beibringen? Darüber hinaus lernen wir den Umgang mit Geld nicht in der Familie, nicht in der Gesellschaft und auch nicht von der Politik. Nur die Kinder in guten reichen Familien lernen es automatisch. Die Reichen haben einen gigantischen Vorsprung bei der Erziehung, wie sie ihre Kinder mit dem Umgang mit Geld erziehen. Aber jeder kann sich es auch selbst schulen.

Die finanzielle Freiheit konnte ich erreichen, indem ich meine Einstellung zu Geld veränderte. "Zeig mir Deine Freunde und ich sag Dir, wer Du bist" / "Zeig mir, was Du liest und ich sag Dir, wie Du bist" / "Zeig mir, was Du hast und ich sage Dir, wer Du bist" sollen heißen, dass man sehr gut am selbstgewählten Umgang erkennen kann, mit wem man es zu tun hat. Wenn ich Fernsehen schaue und Kim Kardashian oder die Geissens betrachte (und die sind ständig in den Medien vertreten), wollte ich selbst nicht reich werden. Dann würde ich sagen, so will ich nicht werden, ich bleibe weiterhin abends auf meinem Sofa und mache nichts, es ist besser so wie ich bin. Ich kann mich in solchen Momenten wiederfinden, denn ich war arm, sehr arm. Aber die Reichen sind nicht so. Studien belegen, dass über 95% der Reichen unauffällig sind. Reiche sind wirklich unauffällig und ich habe sehr viele kennengelernt. Daran kann man wirklich sehen, wie die Medien die Wahrnehmung der breiten Masse der Bevölkerung extrem täuschen können.

Ich will niemandem etwas schuldig sein, denn dann kontrolliert Dich diese Person. Wenn ich einen Rat gebraucht habe, war es immer wichtig für mich zu verstehen, wie der potentielle Ratgeber mit Geld in seiner Umgebung umgeht, d.h. wie er seine Ausgaben in seiner Umgebung in Bezug auf sein Entwicklungspotential tätig. Denk mal bitte darüber nach!

Man kann tatsächlich ungefähr daran erkennen, wie die Menschen gestrickt sind. Dabei geht es vorrangig darum, aus den Lebensumständen die Identität der Person zu verstehen. Man kann sehr gut daran anknüpfen und es als Grundlage für sich selbst anwenden, um sich neu zu definieren, je nachdem welche Ziele man erreichen will. Denn eine neue Definition von sich selbst würde eine Veränderung der Lebensumstände mit sich ziehen.

Du sollst an Deinen Träumen arbeiten. Solltest Du es nicht tun, wirst Du bestimmt angestellt, damit Du für Die Träume Anderer arbeitest. Es ist zweckmäßiger zu investieren anstatt zu konsumieren, denn man kann das Geld nur einmal ausgeben: Entweder als Konsument oder als Investor. Investition fängt bei sich selbst an; Und zwar in seinen Potentialen. Unsere wichtigste Herausforderung liegt nicht außerhalb, sondern innerhalb von uns selbst als natürliche Person oder genauso als juristische Person (z.B. Unternehmen).

# PART 3 – GESCHÄFTLICHE DIMENSION

## *Entrepreneurship Model (ASAI) - "Kapital-Überzeugung"*

| | | |
|---|---|---|
| Werkzeugkasten für das Success Value Management | I | ERV Basis Reference Model „Primär" |
| | | Mit diesem Modell als Entwicklungsreferenz von arm zu reich bilde ich aus dem bestimmenden Lebensinhalt mein persönliches dynamisches Basisverständnis ab. |
| | II | QACC Active Perception Model „Privat" |
| | | Mit den allgemeinen Verknüpfungen aktiviere ich durch dieses Vorgehensmodell meine Perzeptionsfähigkeit. Dadurch steigere ich meine Intelligenz und setze meine Dummheit temporär aus, denn Dummheit ist ein Mangel an Intelligenz. Hier modelliere ich meine Grundwerte. |
| | III | **ASAI Entrepreneurship Model „Geschäftlich"** |
| | | Mit diesem Kreislaufsystem lerne ich meine Investition (Business-Idee) zu verstehen und nahezu konstant zu halten. Hier baue ich meine Kapital-Überzeugung auf. |
| | IV | SSSS Corporate Management Model „Gesellschaftlich" |
| | | Mit diesem Instrument manage ich meine Investition (mein Unternehmen) nachhaltig, um erfolgreich zu wirtschaften. Hier lebe ich mein Unternehmen. |
| | V | LSNP Reflection Model „Evolutionär" |
| | | Mit der Überprüfung beobachte ich, ob meine Managemententscheidungen zu meinen Ergebnissen in Verhältnismäßigkeit für die Allgemeinheit passen. Und auch für meine eigene Persönlichkeit beobachte ich, ob meine Werte zu meinen Gewohnheiten passen. |

*KAPITEL FÜNF*
# BUSINESSIDEE NAHEZU KONSTANT HALTEN

Businessidee bzw. Investition im Sinne einer Kapitalüberzeugung zu formen bedeutet, dass man das hier beschriebene Kreislaufsystem durchgeht und mehrfach wiederholt, bis die Investition/Businessidee verstanden ist und sich nahezu konstant hält.

Für das Modell (bzw. für den Managementansatz) wird angenommen, dass soziale Systeme „lebende Prozesse" sind, welche durch die Menschen, die in ihnen handeln, ständig mehr oder weniger verändert werden. Lebende Prozesse sind kreisförmige Prozesse und nicht durch lineare Folgen von Ursache und Wirkung gekennzeichnet. Die Idee der Kreisförmigkeit hat ihren wesentlichen Ursprung in der Kybernetik. Der Mathematiker und „Vater" der Kybernetik, Norbert Wiener, hat Mitte des 20. Jahrhundert erkannt, dass es Wirkweisen gibt, die die identischen Muster aufweisen. Die bedeutenden Erscheinungen sind dabei die kreisförmigen Abläufe. Ein aktuell sehr erfolgreiches Beispielmodell ist der (Plan-Do-Check-Act) PDCA-Zyklus nach Deming, das die Grundlage für zahlreiche internationale Standards wie z.B. für ISO 9000ff ist. Somit kann das Modell die Grundsätze von lebenden Prozessen verfolgen,

*Abstraction*

*Selection*

*Adaptation*

*Integration*

da im Wirtschaftssystem durch seine überdurchschnittlichen gesetzlichen Regulierungen identische Muster in vorhandenen Prozessen zu finden sind. Daraus folgend stellt das Modell einen kreisförmigen Ablauf dar, der aus den erarbeiteten Schritten meines Forschungsmodells in Betrachtung des Gesundheitssystems resultiert. Hinzu ist zu berücksichtigen, dass jede Phase bzw. jede Aktivität grundsätzlich immer Ergebnisse erzielt.

Ergebnisse vorausgegangener Aktivitäten fließen als Input in Folgeaktivitäten ein und erzeugen als Output wieder neue Ergebnisse. Dieses Input-Output-Verhältnis der Ergebnisse ist elementar für die Methode und ihren Einsatz im Management. Somit stellt die folgende Abbildung die Phasen und Ergebnisse des Prozesses zum strategischen Verständnis seiner Geschäftätigkeiten bzw. Businessideen dar, um diese nahezu konstant zu halten und eine Kapital-Überzeugung zu formen.

Die Stabilisierung lässt sich mit der Beschreibung von Komplexitätsreduktion nach Luhmann ableiten. Komplexitätsreduktion ist durch Redundanz und Varietät (ermöglicht Flexibilität und Reaktionsmöglichkeit) umsetzbar und ist ein Instrument des Kostenmanagements. Nach Heiß bedeutet auch Kostenmanagement, die Effizienz und Effektivität zu überprüfen und alle wertschöpfenden Aktivitäten auf deren direkten oder indirekten Kundennutzen hin zu überprüfen. Komplexitätsreduktion in anderen Bereichen u.a. in der Automobilindustrie verfolgt hinzu noch die Ziele Qualitätsverbesserung, Innovationsförderung sowie Zeitersparung, worauf sich diesbezüglich mögliches Potential für ein Unternehmen ableiten lässt.

Das primäre Ziel von Komplexitätsreduktion ist es, die Fähigkeit eines Systems zur Entsprechung der Umweltkomplexität zu verbessern bzw. nahezu konstant zu halten und gleichzeitig die eigene Komplexität des Systems zu verringern. Hierzu stehen verschiedene Methoden bereit, die in der Regel jedoch lediglich eine Aufzählung unterschiedlicher Einzeleinsätze darstellen oder nicht auf der Idee der selektiven Komplexität basieren. Komplexität ist gegeben, sobald die Anforderungen an das System (Unternehmen) durch die Umwelt (Kunden, Konkurrenz) bestimmt werden, wobei Komplexitätsreduktion, einen Ausschnitt der Umwelt zu eigenem Vorteil mit zu gestalten, bedeutet.

Die Möglichkeiten-Vielfalt führt dazu, dass sich Systeme auf eine selektiv konstituierte Umwelt einlassen und dann an etwaigen Diskrepanzen zwischen Umwelt und Welt zerbrechen.

Dein persönliches Mindset zu verstehen, ist die Voraussetzung, um die eigene Kapitalüberzeugung zu formen.

| Welches Mindset hast Du? ||
|---|---|
| **Growth Mindset** **(Wachsende Gedankenwelt)** | **Fixed Mindset** **(Festgefahrene Gedankenwelt)** |
| Ich kann alles lernen, was ich will. | Ich bin entweder gut darin, oder eben nicht. |
| Wenn ich frustriert bin, halte ich durch. | Wenn ich frustriert bin, höre ich auf. |
| Ich möchte mich selbst herausfordern. | Ich mag es nicht, herausgefordert zu werden. |
| Wenn ich scheitere, lerne ich. | Wenn ich versage, bin ich nicht gut. |
| Für Erfolg strenge ich mich gern an. | Anstrengung bedeutet, ich bin untalentiert. |
| Wenn Du Erfolg hast, bin ich inspiriert. | Wenn Du es schaffst, fühle ich mich angegriffen. |
| Mein Einsatz und meine Einstellung bestimmen alles. | Meine Talente bestimmen alles. |

Darstellung 5: Gedankenwelten in Form von Mindsets

Des Weiteren gibt es Fragen, bei den es um eine subjektive und interaktive Beurteilung einer Persönlichkeit geht. Diese Merkmale treffen meist auf überdurchschnittlich intelligente Menschen zu. Aber es ist irrelevant für Dich oder auch für den Anderen, wenn es darum geht, sein Potential zur Erlangung der eigenen Freiheit auszuschöpfen.

*PART III - Entrepreneurship Model (ASAI) – "Kapital-Überzeugung"*

Kannst Du den folgenden Fragen zustimmen, oder denkst Du so über Andere?

- Potential gar nicht oder viel zu spät erkannt?
- Schwer sich zu verlieben?
- Smalltalk erschöpft?
- Denken schneller als handeln?
- Denken schneller als sprechen?
- Job langweilt schnell, da nach Kreativität gestrebt wird?

D.h. sich so zu verändern, um diesen Merkmalen gerecht zu werden, würde aus Dir keinen intelligenten Menschen machen. Du sollst für Dein Potential in Dich gehen können. Wenn Du ständig unter Leuten bist, wann hast Du denn Zeit für Dich zu sein, um Dein Potential zu erkunden. Wohl bemerkt, dass der Mensch nicht wirklich Multitasking fähig ist. Kannst Du ein Buch lesen und gleichzeitig eine Filmdokumentation anschauen und verstehen? Ich rede hier von Menschen, die sich weiterentwickeln wollen; Menschen, die nicht reich sind und reich werden wollen; Menschen, die reich sind und die Menschheit prägen wollen.

Willst Du Neues gestalten (Dunkle Pfeile im ASAI Modell), musst Du die Wirklichkeit verstehen (Helle Pfeile im ASAI Modell), auch wenn sie nur in engen Bahnen wirklich zu verstehen ist. Es bedarf primär eine hohe Abstraktionsfähigkeit, um sein analytisches Denkvermögen in Gegebenheit des ständigen Wandels erfolgsorientiert zu steuern.

## Abstraktion

Sehr stark vereinfacht, kann man behaupten, dass die Abstraktion die Konzentration auf das Wesentliche ist. Alle überflüssigen Fakten werden eliminiert, übrig bleibt die Essenz. Durch das Abstrahieren kommt man also an den klaren Kern des Problems bzw. der Herausforderung. Das klingt in der Theorie recht einfach, jedoch sind auch hier Theorie und Praxis nicht immer in Konsens.

## PART III - Entrepreneurship Model (ASAI) – "Kapital-Überzeugung"

Abstraktionsfähigkeit ist in der Psychologie die Voraussetzung für die Bildung von Regeln. Es liegt an Dir als Unternehmer, Gewohnheiten zu brechen, ausdrucksstark zu sein, zu entscheiden, was für Dich als Regel gelten soll. So gestaltest Du auch fundamental eine Geschäftsidee.

In der Phase der Abstraktion sind Deine Kompetenzen und Visionen wichtige Voraussetzungen, um eine Kapital-Überzeugung zu generieren. Das Ziel ist die Bestimmung spezifischer Strategien für einzelne Geschäftsideen. Zu diesem Zweck werden der Wandel und die eigenen Vorstellungen zunächst abstrahiert.

Bei der Auseinandersetzung mit den eigenen Vorstellungen wird man kausal zu der Selbstverwirklichung seiner Vision und den schrittweisen Annäherungen seines Ideals hingeführt. Das ist auch gut so, aber wir werden auch mit den eigenen Kompetenzen konfrontiert. Somit ergibt sich ein Spannungsfeld zwischen Kompetenz und Vision, um eine Idee aus der Abstraktion zu generieren.

Dabei sind nicht nur die Produkte auf dem Markt, sondern auch der eigene Unternehmenstypus und der der Anbieter genauso zu betrachten. In der folgenden Darstellung, im Uhrzeigersinn von links unten beginnend, sind dies: Herausforderer, Marktführer, Visionäre und Nischenanbieter. Die horizontale Achse der Matrix beschreibt die Vollständigkeit der Vision und die vertikale Achse die Umsetzungskompetenz.

| | | I<br>Herausforderer | II<br>Marktführer |
|---|---|---|---|
| **Umsetzungs-Kompetenz** | Hoch | I<br>Herausforderer | II<br>Marktführer |
| | Niedrig | IV<br>Nischenanbieter | III<br>Visionäre |
| | | Niedrig | Hoch |
| | | **Vollständigkeit der Vision** | |

Darstellung 6: Abstraktion – Vision und Umsetzung

**Herausforderer:** Die Herausforderer sind schnell wachsende Unternehmen mit herausragender Lösungskompetenz. Damit Marktteilnehmer sie als führendes Unternehmen wahrnehmen können, müssen sie allerdings noch an einer starken und überzeugenden Vision arbeiten.

**Marktführer:** Marktführer haben eine führende Stellung im Markt. Sie haben nicht nur eine vollständige Vision entwickelt, sondern können auch auf einen großen Kundenstamm verweisen. Durch die daraus resultierende hohe Lösungskompetenz beeinflussen sie die Marktentwicklungen entscheidend.

**Visionäre:** Anders als Nischenanbieter haben Visionäre eine vollständige Vision für ihre Lösungen entwickelt. Um zu den Marktführern aufzusteigen, müssen diese innovativen Unternehmen ihre Visionen auch weitgehend umsetzen können – dies ist bei den Visionären in der Regel noch defizitär.

**Nischenanbieter:** Nischenanbieter besetzen Nischenmärkte. Sie sind stark in einer bestimmten Technologie, haben aber nur unvollständige Visionen und können ihre Stärken noch nicht voll ausspielen, weil sie meistens noch relativ neu auf dem Markt sind.

Die Position eines Anbieters innerhalb des Quadrants resultiert aus den Punktzahlen, die er für zuvor festgelegte Bewertungskriterien erhielt. Die Darstellung zeigt sowohl die relative Position zu anderen Konkurrenten, als auch die absolute Positionierung in einem bestimmten Markt. Konkret erhält man Informationen über die Vollständigkeit der Vision eines Anbieters und die Fähigkeit zur vollständigen Umsetzung dieser Vision.

Danach hat man die Möglichkeit die ökonomischen Risiken und seine Kapital-Überzeugung der Marktopportunität einzuschätzen. Haben die beiden Merkmale den hohen Wert, dann lässt sich die Idee als echte Business-Idee für sich qualifizieren.

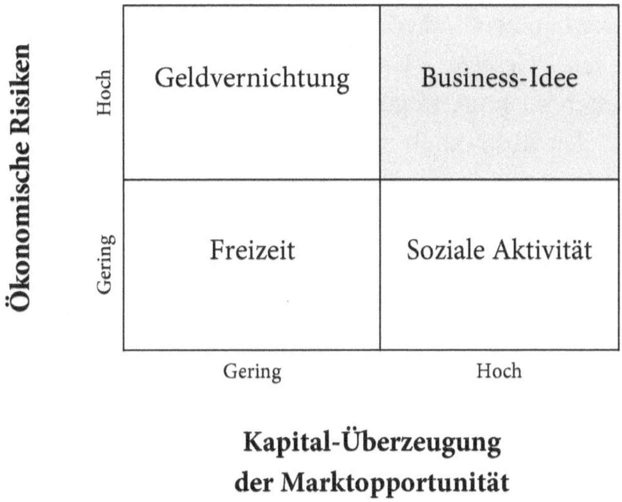

*PART III - Entrepreneurship Model (ASAI) – "Kapital-Überzeugung"*

|  | | Gering | Hoch |
|---|---|---|---|
| **Ökonomische Risiken** | Hoch | Geldvernichtung | Business-Idee |
|  | Gering | Freizeit | Soziale Aktivität |

Gering      Hoch

**Kapital-Überzeugung
der Marktopportunität**

Darstellung 7: Abstraktion – Opportunität und Risiken

Um aus Störungen der Umwelt (Kunden, Konkurrenz) Informationen im System (Unternehmen) zu generieren, bedeutet es im Sinne der Übertragung der Komplexitätsreduktion für das ASAI Modell, Management im Wirtschaftssystem zu integrieren. Dieses wird im ASAI Modell in der Abstraktionsphase insbesondere mit Gesetzen und/oder Standards und/oder Zertifizierungen ermöglicht. Auf einen Handlungskomplex bezogen, lässt sich Komplexitätsreduktion durch Spezialisierung und Standardisierung von Prozessen erreichen. Eine Kontrollinstanz bzw. Controlling ist für die Steuerung komplexer Systeme unverzichtbar. Einfache Systeme stellen keine großen Probleme dar, was ihre Steuerung, Regulierung und Lenkung - kurz, ihre Kontrolle - betrifft. Nach Malik treten ernsthafte Probleme auf - dann unerbittlich - wenn ein System komplex ist. Management bedeutet, ein System unter Kontrolle zu bringen und es unter Kontrolle zu halten. In der Akquise werden alle Maßnahmen der Kundengewinnung definiert. Wer Kunden gewinnen will, muss erkennen, wie er Schritt für Schritt den Entscheidungsprozess des Kunden unterstützt. Denn für ein Unternehmen ist es wichtig, nicht nur zufriedene Anteileigner und Mitarbeiter zu schaffen, sondern auch zufriedene Kunden. Somit entsteht hauptsächlich aus der Abstraktionsphase die Geschäftsidee in Prozessform.

Gremien abstrahieren und erarbeiten Normen. Politiker abstrahieren und verabschieden Gesetze. Unternehmer abstrahieren, um Kunden-Gewohnheiten zu hinterfragen und somit Ideen zu generieren. Es geht überall bei der Abstraktion um die Gestaltung von Regeln und daraus entstehen Ideen, mit denen der Kundennutzen in einem Selektionsprozess akzentuiert wird.

## Selektion

Schon aufgrund der gesellschaftlichen Rolle von Akteuren im Wirtschaftssystem ist eine reine Fokussierung auf die Interessen der Anteilseigner oder auch der Kunden nicht zu vertreten, deshalb ist die Weiterentwicklung in Richtung Success Value konzeptionell fortzuführen. Bei Success Value handelt es sich um einen integrierten Managementansatz mit der wichtigsten Perspektive der Kapital-Überzeugung des Unternehmens selbst. Tiefgreifende Veränderungen in den Umfeldbedingungen sowie die stürmische Entwicklung der Informations- und Kommunikationstechnologien der letzten Jahre haben die Voraussetzungen geschaffen, dass Unternehmen zunehmend eine neue Zielgröße in den Fokus ihrer strategischen Ausrichtung stellen: Den Success Value.

In der Analyse des Marktes ordnet man alle bekannten Produkte und die entdeckte Herausforderung in eine Vier-Felder-Matrix ein. Je nach Marktwachstum und Marktanteil unterscheidet man "Nachwuchsprodukte", "Stars", "Cash Bringer" und "Auslaufprodukte", wobei die Reihenfolge auch einem typischen Produktlebenszyklus entsprechen kann. Jede dieser idealtypischen Phasen ist mit einer Handlungssystematik verknüpft.

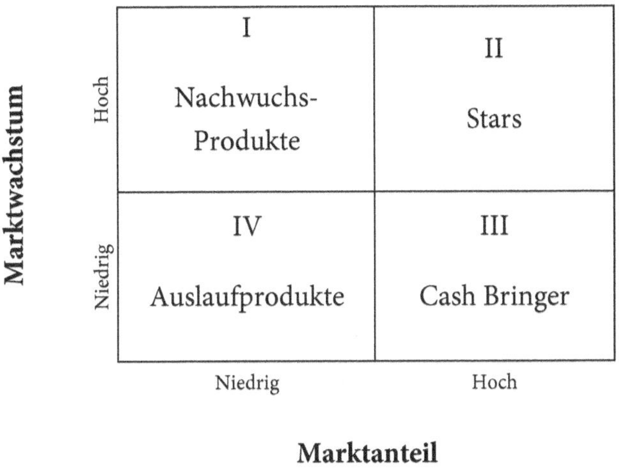

## PART III - Entrepreneurship Model (ASAI) – "Kapital-Überzeugung"

|  | Niedrig | Hoch |
|---|---|---|
| **Hoch** | I<br>Nachwuchs-Produkte | II<br>Stars |
| **Niedrig** | IV<br>Auslaufprodukte | III<br>Cash Bringer |

(Y-Achse: Marktwachstum; X-Achse: Marktanteil)

**Darstellung 8: Selektion – Marktanteil und Marktwachstum**

**Nachwuchsprodukte:** Nachwuchsprodukte sind Produkte am Beginn ihres Lebenszyklus. Sie befinden sich in der Wachstumsphase. Damit ein solches Produkt zum Star wird, sind stetige Investitionen nötig, die die Gewinne in der Regel deutlich übersteigen (Investitionsstrategie). Wenn sich das Produkt nicht gegenüber den Marktführern behaupten kann, wird es hingegen direkt zu einem Ladenhüter, einem Auslaufprodukt.

**Stars:** Stars sind Produkte mit einem dominanten Marktanteil, die zugleich noch ein hohes Marktwachstum und einen positiven Kapitalfluss aufweisen. Es empfiehlt sich, mit weiteren Investitionen die Marktposition auszubauen (Wachstumsstrategie). Fällt die Wachstumsrate eines Stars auf unter zehn Prozent, so wird das Produkt zu einem Cash Bringer.

**Cash Bringer:** Cash Bringer verfügen über einen hohen Marktanteil, aber nur noch über ein geringes Marktwachstum. Diese Produkte erbringen den höchsten positiven Kapitalfluss. Investitionen zum Ausbau des Marktanteils sind in dieser Phase meist nicht mehr sinnvoll. Vielmehr sollten die erzielten Einnahmeüberschüsse in andere Produkte oder Geschäftsfelder investiert werden (Abschöpfungsstrategie).

**Auslaufprodukte:** Auslaufprodukte sind Produkte, die keinen angemessen Kapitalfluss mehr erbringen. Sie sind die Problem- oder Auslaufprodukte des Unternehmens, die möglichst schnell abgestoßen werden sollten (Desinvestitionsstrategie). Alternativ kann das Unternehmen versuchen, das Produkt deutlich zu verändern und mit einem Relaunch in einen weiteren Lebenszyklus zu führen.

Selbstverständlich können die idealtypischen Phasen und Handlungsstrategien des Modells nicht für jedes Produkt und jeden Geschäftsbereich exakt gleich gelten bzw. angewendet werden. Dennoch nutzen sehr viele Unternehmen die Marktanteils- und Marktwachstumsanalyse (Vier-Felder-Matrix) als Grundlage für Strategieentwicklung und Investitionsentscheidungen.

Danach hat man die Möglichkeit die Gewinnerwartung und die Markt-Eintrittsbarriere einzuschätzen. Das nachhaltige Projekt sehe ich in vorhandenen Geschäftskompetenzen in dem Kontext, in dem die Anstrengung (somit auch das Geschäftsrisiko) und der Wert der Geschäftsidee (im Sinne der Gewinnerwartung) hoch sind.

| ANSTRENGUNG / GESCHÄFTSRISIKO (Eintrittsbarriere) | | | |
|---|---|---|---|
| | Hoch | Denk noch nicht darüber nach! (Vermeiden - Nicht tun, ansonsten reine soziale Aktivität) | Aufschlüsselung (Als erstes Umsetzen - Challenge) |
| | Gering | Freizeitaktivität (Zuletzt umsetzen - Wenn es sein muss) | Warum machst Du das jetzt nicht? (Als zweites umsetzen – Soll gemacht werden) |
| | | Gering | Hoch |

**WERT**
**(Gewinnerwartung)**

**Darstellung 9: Selektion – Wert und Anstrengung**

Der Quadrant "**Denk noch nicht darüber nach!**": Obwohl dem Kunden immer noch ein gewisser Mehrwert geboten wird, sollten diese zu diesem Zeitpunkt nicht priorisiert werden. Es ist wahrscheinlich, dass diese Artikel erhebliche Anstrengungen erfordern, um dem Kunden einen geringeren Wert als andere Artikel in Deinem Auftragsbestand zu liefern und anzubieten.

Der Quadrant "**Aufschlüsselung**": Die hier angebotenen Funktionen bieten einen hohen Mehrwert, erfordern jedoch einen erheblichen Aufwand, um Deine Kunden zu erreichen. Versuche diese Features in kleinere, mundgerechte Features zu unterteilen und sie anderen Features im 2 × 2-Format zuzuordnen.

Der Quadrant "**Warum machst Du das jetzt nicht?**": Features in diesem Quadranten bieten den besten Wert für Kunden mit minimalem Aufwand. Dies sind die niedrig hängenden Früchte, an denen sofort gearbeitet werden sollte.

Der Quadrant „**Freizeitaktivität**": Funktionen bieten einen geringeren Wert für Kunden, sind aber einfach zu implementieren. Dies sind großartige Füllstoffe, die bei geringen Ausfallzeiten oder zwischen größeren Features eingesetzt werden können. Dies ist auch eine großartige Möglichkeit, um eine anhaltende Dynamik sicherzustellen.

In Bezug auf das ASAI Modell richtet sich die Selektionsphase auf den Kundenmehrwert. Effektivität, Produktivität und Qualität von Institutionen des Wirtschaftssystems hängen auch von der eingesetzten Technologie ab.

Verschiedene Technologien sind notwendig, damit leistungsfähige Anwendungen entstehen können. In den letzten Jahren haben sich, teilweise unabhängig voneinander, in den einzelnen Bereichen ausgereifte Lösungen etabliert, die zusammengeführt werden müssen. Dabei ist es wichtig, dass das Wirtschaftssystem nicht nur als eine Menge unabhängiger Komponenten besteht, sondern dass die Komponenten auch eng zusammenarbeiten. Denn gerade die Vielfalt und Heterogenität der im

Wirtschaftssystem eingesetzten Systeme führen z.B. zu hohem Prozessaufwand und zu Verschwendung von Ressourcen. In diesem Zusammenhang kommt dem Aspekt des Kundennutzens eine besondere Bedeutung zu. Somit ist der Nutzen für den Kunden nach der Selektionsphase darzustellen.

# Adaptation

Mit Systemintegration ist gemeint, die Leistungsempfangsbereiche in der Systemversorgung, bzw. Entwicklung, Betrieb und Wartung, nicht einzeln zu betrachten, sondern immer im Gesamtkontext permanent zu bearbeiten.

So sind in der Adaptationsphase die zukunftsbezogenen Aspekte des Systems in Vernetzung zu entwickeln. Der aus der Selektionsphase erarbeitete Nutzen für das System ist insbesondere in den Peripherien bei der Erstellung von Konzepten zu berücksichtigen. Somit entsteht aus der Adaptationsphase die umzusetzende Lösung. Wir können die Produktforschung in zwei Dimensionen betrachten. Die eine ist die Suche nach einer neuartigen Interpretation der Bedeutung, die andere ist eine Betrachtung der Praktikabilität: Das Design-Research-Viereck. Diese Analyse ist von Donald Stokes (1997) inspiriert, der argumentierte, dass die Forschung entlang der beiden Dimensionen des Strebens nach Verständnis und Nutzungsüberlegungen charakterisiert werden könnte.

| Neuartige Interpretation von **Bedeutung** | | | |
|---|---|---|---|
| | Hoch | Design-Grundlagenforschung (Vision getrieben) | Designorientierte Forschung (Radikale Innovation) |
| | Gering | Nachdenken (Basteln) | Menschenzentrierte Forschung (Inkrementelle Innovation) |
| | | Gering | Hoch |
| | | Berücksichtigung von **Praktikabilität** | |

Darstellung 10: Adaptation – Praktikabilität und Bedeutung

*PART III - Entrepreneurship Model (ASAI) – "Kapital-Überzeugung"*

Wenn jemand an einem Produkt oder einer Technologie herumspielt, ohne ein Ziel zu verfolgen, weder zur Verbesserung der Bedeutung noch zur Verbesserung der Praktikabilität, können wir das Basteln nennen.

Das Basteln kann jedoch oft zu brillanten Einblicken und neuen Produkten führen, ist jedoch völlig zufällig. So hat man die Möglichkeit das Potential und die Herausforderung der umzusetzenden Lösungen einzuschätzen und darzustellen.

|  | **Schwächen** | **Stärken** |
|---|---|---|
| **Chancen** | Versäume ich Chancen aufgrund meiner Schwächen?<br><br>Wie lassen sich Schwächen verhindern, um neue Chancen zu nutzen? | Besitze ich Stärken, um meine Chancen zu ergreifen?<br><br>Aus welchen Stärken können sich zukünftige Chancen ergeben? |
| **Risiken** | Welche Risiken bestehen wegen meiner Schwächen?<br><br>Was kann ich tun, damit Schwächen nicht zu Risiken werden? | Welche Stärken kann ich Risiken entgegensetzen?<br><br>Welche Stärken können die Risiken verkleinern? |

**EXTERN (Challenge)** (vertical axis, left) — **Lösungen**

**INTERN (Potential)** (horizontal axis)

**Darstellung 11: Adaptation – Potential und Herausforderung**

# Integration

Die Umsetzung der Lösung stellt im ASAI Modell die Integrationsphase dar, die aus der Konzeption der Geschäftsaktivitäten resultiert.

Zuerst habe ich die Qualitätsgewährleistung einzuordnen. Dabei betrachte ich die notwendige Ausbildung der involvierten Menschen und die Stabilität der einzusetzenden Technologien.

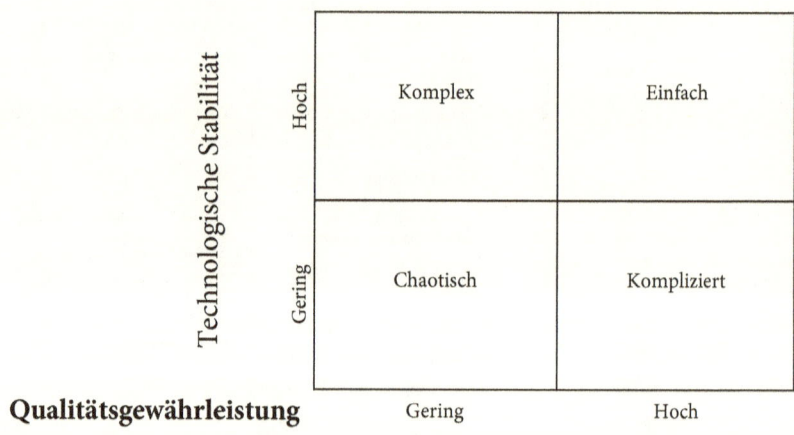

Darstellung 12: Integration – Menschen und Technologie

Es ist festzuhalten, dass Konsum den Verzehr (oder den Gebrauch) von Gütern bezeichnet, um somit die Befriedigung von Bedürfnissen des Menschen zu erzielen. Anders als Konsum ist Investition ein Einsatz von Kapital (also Geld), um mehr Kapital zu erhalten.

Mit der folgenden Darstellung ordne ich ein, in welcher Investitionsklasse ich agiere.

*PART III - Entrepreneurship Model (ASAI) – "Kapital-Überzeugung"*

|  | | Gering | Hoch |
|---|---|---|---|
| **RISIKO** | Hoch | **Investor 1**<br><br>Arbeitseinkommenslos:<br><br>Du hast keinen bezahlten Job. Du spielst mit Geld oder Deiner Zeit in unbezahlten Tätigkeiten. | **Investor 4**<br><br>Unternehmer:<br><br>Du hast ein Unternehmen bzw. ein System, das für Dich arbeitet. |
|  | Gering | **Investor 2**<br><br>Angestellter / Selbstständiger:<br><br>Du hast einen bezahlten Job. | **Investor 3**<br><br>Erbdynastie / Kapitalanleger:<br><br>Dein Geld (bzw. Dein Vermögen) arbeitet für Dich. |
| **Wandel Gestalten** | | Gering<br>„**Aktives** Einkommen (90% der Bevölkerung weltweit machen 10%)" | Hoch<br>**Passives** Einkommen (10% der Bevölkerung weltweit machen 90%) |

**VERMÖGEN**

**Darstellung 13: Integration – Vermögen und Risikokapitalisierung**

Der Wandel wird im Zuge von Investitionen, anstatt von Konsum, gestaltet. D.h. Du wirst nicht reich, indem Du viel einkaufst, sondern indem Du Erträge aus Deinem Vermögen oder Deinen Leistungen generierst und somit durch Investitionen. Am Ende sind Deine Einnahmen höher als Deine Ausgaben.

Zusammenfassend ist die Umsetzung der Lösung die Ursache vom Wandel am Markt, der kontrolliert werden soll; So schließt sich der Kreis mit dem Controlling in der Abstraktionsphase des Modells: Das „ASAI Entrepreneurship Model" entsteht.

*PART III - Entrepreneurship Model (ASAI) – "Kapital-Überzeugung"*

## *KAPITEL SECHS*
# ASAI MODELL IN DER ZUSAMMENFASSUNG

Die wichtigste Eigenschaft ist die Fähigkeit, in die Zukunft zu schauen, Potenziale zu erkennen, eine Idee zu haben und an sie zu glauben. Mit dem ASAI Entrepreneurship Modell hast Du die Möglichkeit Deine Kapital-Überzeugung sicherzustellen und herauszufinden, was es braucht, damit aus Ideen Werte generiert werden und wie die Weichen für die Zukunft gestellt werden können.

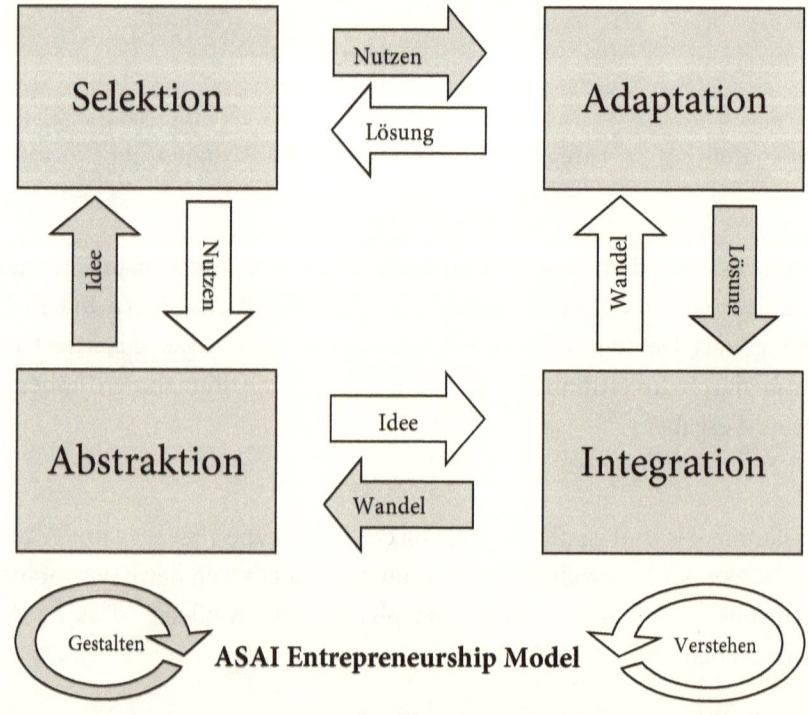

Darstellung 14: Entrepreneurship - ASAI Model (GESCHÄFTLICHE DIMENSION)

Part 3: Geschäftliche Dimension

Dabei spielen Emotionalität und Rationalität eine wichtige Rolle. Emotionalität und Rationalität werden in der Wissenschaft zumeist alternativ oder gegensätzlich diskutiert. Aber der wissenschaftlichen Rationalität wird dabei die Funktion zugeschrieben, Emotionalität zu kontrollieren und zu ordnen.

## Emotionalität und Rationalität gegen Logik und Wahrheit

Es ist leider so, dass mein Umfeld dazu neigt, Logik und Wahrheit zu vermischen. Alles was eine Logik abbildet, muss nicht wahr sein. Denn überall wo begründet wird, wird argumentiert und wo argumentiert wird, passieren auch Fehler.

Dabei sind Emotionen mehr als eine bloße Ergänzung der menschlichen Rationalität. Mit der folgenden Darstellung will ich Verstand und Gefühl mit dem ASAI Modell verknüpfen und zeigen wie Logik (Rationalität) und Intuition (Emotionalität) zusammenpassen und angewendet werden können.

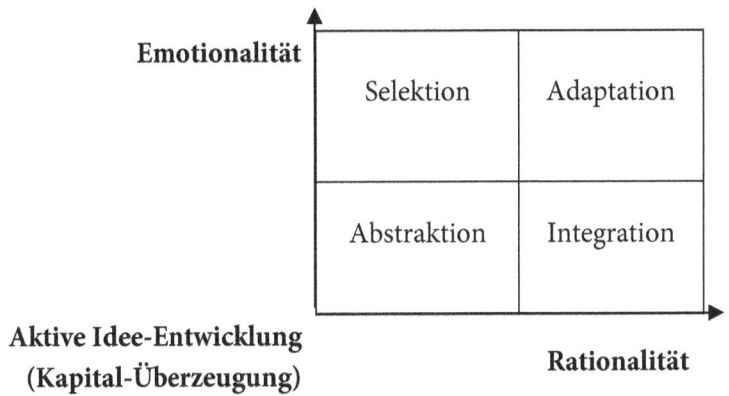

Darstellung 15: Kapital-Überzeugung durch Rationalität und Emotionalität

Die Methodenflut in Unternehmen bekräftigt noch die Präsenz des "Peter Effekts" in Unternehmen. Das Peter-Prinzip ist eine These von Laurence J. Peter, die besagt, dass in einer Hierarchie (wie z.B. in Unternehmen) jeder Beschäftigte dazu neigt (oder befördert wird), bis zu seiner Stufe der Unfähigkeit aufzusteigen. Wenn man einen Direktor im Bereich Marketing eingestellt hat und er muss immer alles mit der Methodik begründen, dann spielt seine eigene Geschichte gar keine Rolle. Bei diesen methodischen Themen geht es um eine zukunftsorientierte Prognose, wohlwissend dass die meisten Zukunftsprognosen fehlschlagen. Man will den gesunden Menschenverstand nicht wahrnehmen, also die emotionelle Identität eines Direktors. Ein Direktor kann die Methodik für sich selbst und nicht als Begründungsmaterial benutzen. Seine Ergebnisse sind zu messen und der Weg dahin bliebt in seiner vollen Verantwortung.

Daran kann man wirklich erkennen, dass die Unternehmen systematisch das "Peter Effekt" unterstützen und immer noch Mitarbeiter befördert werden, bis sie an der Stelle der Inkompetenz ankommen.

Deine Idee stellt einen Traum, den Du leben magst. Es führt kein Weg daran vorbei, Voraussetzungen dafür zu generieren. Dieses ASAI Modell kann Dir entscheidend dabei helfen, Diene Wunschrealität zu erschaffen. Es stellt sicher, ob es wirklich der Traum ist, den Du leben willst. Das Ergebnis des Prozesses kann Dir auch die Erkenntnis geben, dass Dein Traum sich nicht mit Dir leben lässt. Aber Du gewinnst auf jeden Fall eine neue Perspektive, um zielgerichtet erfolgreich zu arbeiten.

Du bist immer derjenige, der die Entscheidung selbst treffen muss und die Verantwortung sowie das Risiko dabei trägt.

## Risikobetrachtung

Das Unternehmensrisiko findet zunächst in der Volatilität des Ergebnisses (Gewinn oder Verlust) seinen Niederschlag, die durch statistische Analysen oder zukunftsorientiert mittels Risikoaggregation bestimmbar ist. Gemeint ist die, durch Unvorhersehbarkeit der Zukunft, bestehende Möglichkeit von betrieblichen Zielen abzuweichen. Die extreme Ausprägung des Unternehmensrisikos wird Insolvenzrisiko genannt und drückt die Wahrscheinlichkeit aus, dass das Unternehmen wegen Zahlungs-Unfähigkeit und/oder Überschuldung seinen Verpflichtungen nicht oder nicht in voller Höhe nachkommen kann. Die vom aggregierten Risikoumfang, aber auch der Risikotragfähigkeit (Eigenkapital) und der Ertragskraft abhängige Insolvenzwahrscheinlichkeit wird durch das Rating ausgedrückt (siehe auch Ratingprognose und Insolvenzprognose-Verfahren).

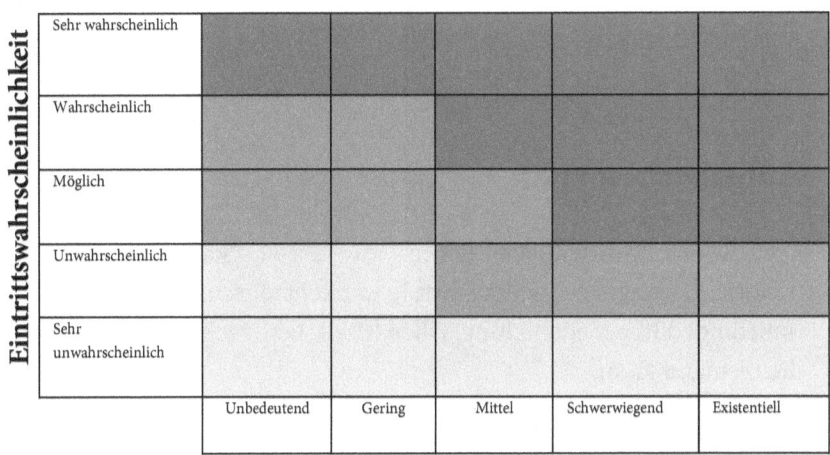

Darstellung 16: Schadenhöhe und Eintrittswahrscheinlichkeit

Befindet man sich in der Gefahrenbeurteilung im dunkleren Bereich der Abschätzung, sind Maßnahmen zu definieren, um die Gefahr zu minimieren, so dass man sich im hellen Bereich neu beurteilen kann. So einfach grob dargestellt ist das.

Die persönliche Einschätzung eines Risikos variiert stark, weshalb keine Standardisierung des Umfangs möglich ist. Um eine Einschätzung vornehmen zu können, müssen Risiken erfasst und Konsequenzen gesammelt werden, um anschließend die Eintrittswahrscheinlichkeiten abzuschätzen. Das menschliche Unterbewusstsein wird dabei durch Erfahrungen bei der Entscheidungsfindung beeinflusst. Je leichter Informationen bezüglich eines Risikos verfügbar sind, desto wahrscheinlicher erscheinen sie. Risiken, die stärker thematisiert werden, werden somit mit einer höheren Wahrscheinlichkeit negativ eingeschätzt, obwohl die Fakten dagegensprechen.

Wenn ein Risiko beurteilt werden soll, erfolgt häufig ein Vergleich mit ähnlichen Risiken und ihren Wahrscheinlichkeiten. Das zutreffende Ergebnis wird durch bekannte Skalen beeinflusst.

# Aufgabenpriorität

Die Kunst Unwichtiges liegen zu lassen, kann Dir in Deiner Zielorientierung sehr helfen. Erfolg entsteht durch Konzentration, nicht unbedingt durch Verzettelung. Allen Menschen ‚recht getan' ist eine Kunst, die niemand kann.

Ich stelle immer wieder fest, wie wichtig es ist, dass man Aufgaben priorisiert. Denn ich sehe viele Menschen in der Arbeitswelt, die nicht die richtigen Dinge tun. Ich werde Dir erklären, wie Du wichtige und wesentliche Aufgaben von unwichtigen Aufgaben trennen kannst. Du sparst dadurch letztendlich sehr viel Zeit und Energie.

Meine Empfehlung, Prioritäten zu setzen, ist ja nicht neu. Eher liegt das Problem bzw. die Herausforderung in der Umsetzung. Aufgaben priorisieren ist jedoch deshalb so schwer, da es Deine Willenskraft fordert.

PART III - Entrepreneurship Model (ASAI) – "Kapital-Überzeugung"

|  | | Nicht Dringend | Dringend |
|---|---|---|---|
| **WICHTIGKEIT** | Wichtig | B<br>(To-Do Liste)<br>Terminieren und selbst erledigen | A<br>Sofort erledigen |
| | Nicht wichtig | D<br>Nicht bearbeiten | C<br>Mitarbeiter delegieren |

**DRINGLICHKEIT**

**Darstellung 17: Dringlichkeit und Wichtigkeit**

Du kannst nicht alles aus Deiner To-Do-Liste bewältigen. Du musst Dir bewusst machen, dass Du eigentlich nur versuchst, den Schaden möglichst gering zu halten. Denn Du hast meistens nur die Option, einen gewissen Anteil aller Aufgaben auszuwählen bzw. zu bearbeiten. Die Herausforderung ist, diejenigen Aufgaben zu erkennen, die in der gegebenen Situation absolut unerlässlich sind.

Das sind grundsätzlich immer die Lebens- und Handlungsfähigkeiten eines Unternehmens. Ich spreche hier also von Dingen, wie Zahlungsströme, Produkt oder Service. Denn genau diese Dinge müssen immer Priorität haben, damit Dein Unternehmen überlebt.

Was priorisierst Du nun? Bevor wir entscheiden können, welche Aufgaben als aller erstes getan werden müssen, sollten wir uns folgende Fragen stellen:

- Warum haben wir dieses Unternehmen gegründet?
- Was ist das oberste Ziel dieses Unternehmens?

Ist es zum Bespiel oberstes Ziel den Kunden glücklich zu machen, sollten wir definitiv auch dafür relevante Aufgaben bevorzugen. Wir betrachten also aus dem Gedanken der Wertschöpfung heraus und tun alles Nötige um maximalen Output mit minimalem Input zu gewährleisten.

Die Aufgaben-Priorisierung kann mit dem Eisenhower-Prinzip erfolgen. Nach diesem Prinzip werden die unterschiedlichen Aufgaben in eine Matrix eingetragen. Dadurch sollen die wichtigsten Aufgaben zuerst erledigt und unwichtige Dinge aussortiert werden. Die Matrix besteht dabei aus Wichtigkeit (wichtig/nicht wichtig) und Dringlichkeit (dringend/nicht dringend).

Somit werden die Aufgaben in vier mögliche Felder eingetragen. Diese werden wie im Schaubild mit A, B, C und D beschriftet. Dabei ist A am wichtigsten und D gilt es zu vernachlässigen. So kannst Du ganz einfach und schnell Deine Aufgaben priorisieren.

Hinzu ist es sehr hilfreich Aufgaben mit dem **Pareto-Prinzip** einzuordnen. Beim berühmten Pareto-Prinzip, entdeckt vom gleichnamigen Ökonomen und Soziologen Vilfredo Pareto, geht es um ein ökonomisches Phänomen, welches besagt, dass häufig 20% des Inputs 80% des Outputs ausmachen.

Hier sind ein paar Beispiele:

- Mit 20% Deines Produktportfolios erwirtschaftest Du 80% des Umsatzes
- 20% Deiner Kleidung wird zu 80% von Dir getragen
- 20% Deiner E-Mails sind für Dich zu 80% von Bedeutung
- Mit 20% Deiner täglichen Arbeitszeit erledigst Du 80% Deiner To-Do-Liste

Du kannst herausfinden, welche 20% Deiner Tätigkeiten am Tag 80% von dem ausmachen, was Du eigentlich erreichen willst. Du willst also herausfinden, welche Dinge für Dich wirklich wichtig sind und Dich effektiv voranbringen. Die anderen 80%, die nur 20% von dem ausmachen, was Du erreichen willst, kannst Du streichen.

*KAPITEL SIEBEN*
# ASAI MODELL - STELLENWERT IN DER PRAXIS

Mein Wirtschaftsleben in der Praxis hat diesen Verlauf gehabt: Es hat auch dazu gehört, dass ich einst mit unterschiedlichen Jobs als Produktionshelfer in Fabriken meinen Lebensunterhalt und damit auch anfangs mein Studium finanzierte. Nach mehreren Studienabschlüssen und Arbeitsstellen in Management-Positionen leitete ich mehrere Jahre zahlreiche Projekte für international agierende Unternehmen mit Einsätzen in Amerika, Asien, Afrika und Europa. Ich habe mir dadurch eine solide Grundlage für meine Weiterentwicklung erarbeitet. Aktuell untersuche ich die ökonomischen Geschäftsaspekte weltweit und bin Gründer & CEO mehrerer Unternehmensberatungen gewesen. Ich habe nicht nur Stars sondern auch große Unternehmen und Regierungschefs beraten.

## Zuerst das QACC Modell

Gedankenbild (QACC Model):

1. Frage: Warum spielt die Kundenzufriedenheit eine untergeordnete Rolle?

2. Antwort (Argument und Gegenargument): Entscheidend ist nicht primär, ob der Kunde zufrieden ist, sondern ob der Kunde (wieder-) kauft, da zur Konkurrenz vorteilhafte Angebote generiert werden.

3. Hergestellte Verknüpfung: Diese Erfahrung habe ich mehrmals (u.a. mit einer Fluggesellschaft) gemacht. Mein Fazit: Der Kunde kommt bei besserer Arbeit wieder, solange er nicht beleidigt wird. Bei mir war es nach großen Enttäuschungen genauso der Fall. In einem Fall habe ich als Kunde die Fluggesellschaft gewechselt. Ich bin mit dieser Fluggesellschaft nie mehr geflogen, da ich mehrfach beleidigt wurde. Aus dieser Erfahrung habe ich gelernt und dabei diese Erkenntnis in meine Wirtschaftspraxis übertragen.

Mit den Verknüpfungen aktiviere ich meine Perzeptionsfähigkeit und steigere meine Intelligenz. Dieser Prozess gehört zu meinen Grundwerten im Leben.

## Dann das ASAI Modell

Hier generiere ich meine Kapitalüberzeugung für eine Geschäftsidee. Ich lerne mit dem ASAI Modell meine Investition (Businessidee) zu verstehen und nahezu konstant zu halten.

Das Fundament jedes erfolgreichen Unternehmens ist eine gute Geschäftsidee. Dass sie nicht unbedingt brandneu sein muss, zeigen die Beispiele vieler erfolgreicher Unternehmer. Sie haben bestehende Geschäftsideen einfach weiterentwickelt oder auf neue Märkte übertragen. Wenn Du also keine tatsächlich neue, innovative Idee hast, lässt Du Dich inspirieren und überlegst, wie Du bestehende Angebote verändern kannst, um daraus eine Geschäftsidee zu entwickeln

Mit dem ASAI Modell zeigst Du, wie Du mit Deiner Geschäftsidee erfolgreich (Gewinne erwirtschaften) wirst. Dazu beschreibst Du in Deinen betriebswirtschaftlichen Aspekten, die für die Umsetzung der Geschäftsidee relevanten Themen: Der Nutzen für die Kunden, die festgelegten Lösungen, die Kosten, die Erträge, das Marketing usw.

Die Abstraktion ist eine Phase, in der Elemente der Zukunftsforschung wieder zu finden sind. Die Grundannahme ist, dass wir uns immer im ständigen Wandel befinden. In dieser Phase sieht man sich die großen

Trends und Fragen unserer Zeit an. Wie werden zum Beispiel die Liebe, der Körper, der Tod oder die Kriminalität in Zukunft aussehen? Welche Forschungen gibt es? Welche bahnbrechenden Entwicklungen stehen bevor? Welche Trends bestimmen zukünftig unser Leben? Im ersten Schritt werden also die ganz großen Felder aufgemacht, die man im Nachhinein im Zuge der Prozesswiederholung spezifiziert, wie z.B.: Ist die Idee für das Geschäft persönlich wert, auch wenn das Konkurrenzprodukt nur minimal verbessert wird?

Unter vorhandenen Ideen, die nahezu konstant zu halten sind, wird eine Selektionsphase angestoßen. Hier entscheidet sich, wie sich die in der Abstraktionsphase ausdifferenzierten neuen Ideen weiterentwickeln. Hier entsteht, wie in der Wirtschaftswissenschaft verstanden wird, das Maß an Bedürfnisbefriedigung, das den Wirtschaftssubjekten aus dem Konsum von Gütern und Dienstleistungen entsteht.

In der Adaptationsphase werden die Ideen fixiert. Greift die Idee beim Nutzer? Löst sie seine Probleme? Stellt sie den nötigen Mehrwert dar?

In der Integrationsphase wird dann die Idee verifiziert. Sie sollte nicht so durchgeknallt sein, dass sie keiner annimmt. Ist das nicht der Fall, wird wieder eine Abstraktion, Selektion, Adaptation und Integration durchgeführt. Erst wenn alle Unklarheiten beseitigt sind, kann die Idee in ein Geschäftsmodell transformiert werden.

Nach der Übertragung der Idee in Form von Unternehmensgründung oder von Implementierung in ein Unternehmen zeigt sich dann, in welche Richtung Du Dein Geschäftsmodell weiterentwickeln sollst. Bei der Entwicklung und Steuerung Deines Geschäftsmodells bzw. Deines Unternehmens unterstützt Dich das SSSS Corporate Management Modell.

# PART 4 – GESELLSCHAFTLICHE DIMENSION

## *Management in neuer Dimension*

| | | |
|---|---|---|
| | I | ERV Basis Reference Model „Primär" |
| | | Mit diesem Modell als Entwicklungsreferenz von arm zu reich bilde ich aus dem bestimmenden Lebensinhalt mein persönliches dynamisches Basisverständnis ab. |
| | II | QACC Active Perception Model „Privat" |
| Werkzeugkasten für das Success Value Management | | Mit den allgemeinen Verknüpfungen aktiviere ich durch dieses Vorgehensmodell meine Perzeptionsfähigkeit. Dadurch steigere ich meine Intelligenz und setze meine Dummheit temporär aus, denn Dummheit ist ein Mangel an Intelligenz. Hier modelliere ich meine Grundwerte. |
| | III | ASAI Entrepreneurship Model „Geschäftlich" |
| | | Mit diesem Kreislaufsystem lerne ich meine Investition (Business-Idee) zu verstehen und nahezu konstant zu halten. Hier baue ich meine Kapital-Überzeugung auf. |
| | **IV** | **SSSS Corporate Management Model „Gesellschaftlich"** |
| | | **Mit diesem Instrument manage ich meine Investition (mein Unternehmen) nachhaltig, um erfolgreich zu wirtschaften. Hier lebe ich mein Unternehmen.** |
| | V | LSNP Reflection Model „Evolutionär" |
| | | Mit der Überprüfung beobachte ich, ob meine Managemententscheidungen zu meinen Ergebnissen in Verhältnismäßigkeit für die Allgemeinheit passen. Und auch für meine eigene Persönlichkeit beobachte ich, ob meine Werte zu meinen Gewohnheiten passen. |

PART IV – Corporate Management Model (SSSS) – "Unternehmen"

## KAPITEL ACHT
# GANZHEITLICHES MANAGEMENT MODELL

Die behandelte Praxis- und Forschungslücke mit dem Success Value Management zu schließen, bedeutet den Erfolg nach den eigenen Werten und Normen zu referenzieren: Grundsätzlich wird darauf gezielt, selbstgesteuert anstatt fremdgesteuert zu sein!

| Success Value Management ||
|---|---|
| A: Erfolgswert schaffen | B: Wirtschaftlich leben |
| 1. Bezugsrahmen des Wirtschaftskontextes verstehen:<br>1.1. Systems<br>1.2. Strategy<br>1.3. Solutions<br>1.4. Success | 6. Nachhaltigkeit-Parameter:<br><br>6.1. Definition<br>6.2. Verification<br>6.3. Validation |
| 2. Chancen der Organisation erkennen:<br>2.1. Environment Concept<br>2.2. Corporate Concept<br>2.3. Corporate Phylosophy | 4. Effektivität-Parameter:<br><br>4.1. User needs<br>4.2. Ressouces<br>4.3. Execution |
| 3. Steuerungsbezugspunkte entwickeln:<br>3.1. Customer Value<br>3.2. Process<br>3.3. Identity | 5. Effizienz-Parameter:<br><br>5.1. Time<br>5.2. Cost<br>5.3. Quality |

Darstellung 18: Unternehmertum mit dem Success Value Management

Diese Arbeit stellt eine selbstständige wissenschaftliche Forschung in praktischer Anwendung dar, die die aufgestellte These des Success Value Managements aufarbeitet.

Part 4: Gesellschaftliche Dimension

*PART IV – Corporate Management Model (SSSS) – "Unternehmen"*

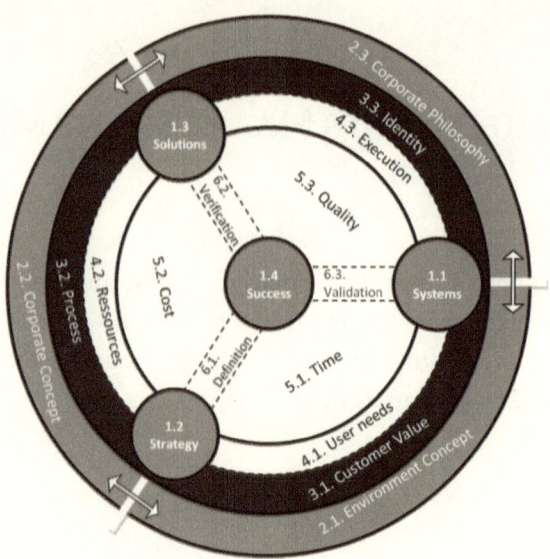

**Darstellung 19: Praxis mit dem Success Value Management**

**Mein Wirtschaftsleben in der Praxis:**

Als Unternehmer (u.a. mit eigenen Firmen) muss ich nach ganz einfachen Dingen handeln: Ich brauche Geld zum Leben. Geld bekomme ich durch Kunden. Ich brauche also Kunden. Kunden bekomme ich, indem ich gute Dienstleistungen und noch bessere Arbeit abliefere. Gute Dienstleistungen bekomme ich, indem ich mich informiere. Bessere Arbeit leiste ich durch besseres Wissen. Ich muss also ständig lernen. Lernen kann ich, wenn ich genug Geld dafür habe. Stimmt ein Punkt in diesem Kreis nicht, dann gehen meine Firmen pleite. So einfach kann Wirtschaft manchmal sein.

PART IV – Corporate Management Model (SSSS) – "Unternehmen"

**Mein Wirtschaftskontext mit Hilfe des Modells verstehen:**

[Systems]     Kunden brauchen bessere Dienstleistungen. Ich brauche Geld zum Leben. Ich beherrsche die Rahmenbedingungen und Interaktionen des Geschäftsfeldes. Ich brauche Geld von Kunden.

[Strategie]   Kunden bekomme ich durch bessere Arbeit als der Wettbewerb bzw. als die Konkurrenz.

[Solutions]   Bessere Arbeit leiste ich durch besseres Wissen: Ständiges Lernen.

[Success]     Genug Geld von Kunden bekommen.

**Nachhaltigkeitsparameter mit Hilfe des Modells überprüfen:**

[Definition]    Wie bekomme ich genug Geld von Kunden?

[Verification]  Habe ich genug Geld von Kunden bekommen?

[Validation]    Kann ich wirtschaftlich zufriedenstellend leben?

# Uns selbst besser verstehen

Wenn Du denkst, dass Du eine Idee hast, dann hat Dein Gehirn diese Idee schon vorher bearbeitet bzw. sich damit befasst. Jedes Mal, wenn ich jemanden treffe, ob ich es will oder nicht, habe ich innerhalb eines Sekundenbruchteils ein Urteil über diese Person gefällt. Diese vollautomatische Funktion des Gehirns läuft im Unterbewusstsein ab. Unser Gehirn macht das, um uns das Leben zu vereinfachen; Denn wir beschäftigen uns mit Millionen von Informationen jeden Tag. Das Gehirn ist ein Wunderwerk, es erledigt circa neunzig Prozent von dem was wir tun, ohne dass es uns bewusst ist. Egal ob ich wach bin oder träume.

Bevor ich eine Entscheidung treffe, hat mein Gehirn schon eine grobe Einschätzung gemacht und lenkt mich im Bewusstsein in eine Entscheidungslinie, also einen vollautomatischen Modus im Unterbewusstsein; Genau dieses Phänomen empfinde ich als Bauchgefühl.

Was wir wahrnehmen, wählt das Gehirn vollautomatisch aus. Also wir leben immer in der Vergangenheit, denn alles was wir bewusst wahrnehmen, ist schon circa eine Drittelsekunde alt. Wir erleben die Drittelsekunde nicht, sondern nur das Sofort. Dabei spielen unsere Erfahrungen eine entscheidende Rolle. Jede Erfahrung hinterlässt einen Abdruck in unserem Gehirn. Deswegen macht es Sinn, den Konsum von Informationen besser zu lenken, um einen möglichst unverfälschten Abdruck der Realität im Gehirn abzubilden.

Ansonsten werden die Medien (als Operationsrahmen der Elite) ihre Realitätsgedanken in unseren Köpfen für uns abbilden. So kann die Elite die Bevölkerung durch die Medien lenken und kanalisieren. Um das zu vermeiden, müssen wir den besseren Konsum von Informationen trainieren und Zusammenhänge verstehen wollen. Es werden z.B. im Fußball immer wieder dieselben Abläufe trainiert. Nicht nur um Spaß zu haben, sondern um diese vorgegebenen Abläufe in unserem Unterbewusstsein fest zu verankern.

Allerdings hat der Mensch von Natur aus (und nicht aus der Summe seiner Erfahrungen) bestimmte Konzeptionen, die er mitbringt. So wie jedes Tier eine Konzeption von Nahrungsmittel hat. Das Tier isst auch nicht jeden Stein und denkt sich: Das ist keine Nahrung, ich muss weitersuchen.

Dies ist keine Erfahrung, es ist ein biologisches Phänomen und ist in den Tieren sowie auch in den Menschen angelegt. Denn wir sind ein Teil der Natur. Alle Menschen sind gleichwertig als autonom vernunftbegabte Wesen. Das politische System sowie auch das Wirtschaftssystem sind durch menschliche Entscheidungen entstanden und nicht durch Naturgesetzlichkeiten. Diese ist eigentlich eine gute Sache, so ist es auch möglich, diese Systeme rückgängig zu machen.

Aus wissenschaftlicher Sicht neigt man dazu zu sagen, dass alles physikalisch begründbar ist. Die Physik sieht sich als grundlegende

Wissenschaft der Realität. Die Physiker selbst streben eine Theorie von allem an und sie bezeichnen es als die Theorie des Universums.

Ähnlich ist es in vielen Wissensbereichen, die Biologie erklärt viele Aspekte des Lebens, der Reproduktion und der Genetik auf molekulare Grundlage: D.h. mit der Chemie. Die Chemie wiederum kann in Atomphysik aufgeschlüsselt werden, die letztlich der Quantenmechanik zugrunde liegt.

Wir haben uns umfassend an die Idee gewöhnt, dass die Physik alles erklären kann: Selbst die Aspekte des Geistes. Wenn Geist und Körper zwei unterschiedliche Dinge sind, die miteinander interagieren, führt das zum Problem der Interaktion. D.h. Signale werden vom physischen Gehirn (z.B. die Zirbeldrüse) zum nicht physischen Geist gesendet, verarbeitet und seinerseits wird wieder ein Signal an das Gehirn zurückgeschickt und daraufhin startet eine Handlung. Selbstverständlich kann man das Gehirn als physikalisches System ansehen und mit den Regeln der Physik erklären. Bestimmte Dinge lassen sich aber damit nicht erklären, nämlich der Geist und insbesondere das subjektive Erleben.

Warum produzieren alle diese physikalischen Prozesse einen subjektiven Erlebnisgehalt, der sich wie etwas anfühlt? Die Philosophen nennen es die Qualia.

Die Physik scheint zu sagen, dass die physikalischen Systeme geschlossen sind, und dass der Geist nicht auf sie einwirken und die Physik durcheinanderbringen kann. Die Interaktion ist das größte Problem einer dualistischen Sichtweise. Im Gegenteil betrachtet, könnte man auch sagen, dass das Bewusstsein eine Illusion ist, denn das Gehirn hat ein Problem, das mehrere Milliarden Neuronen besitzt und zu allem fähig ist.

Also dafür braucht unser Gehirn das Selbstbewusstsein, das das Ganze vereinfacht wie die Benutzeroberfläche eines Smartphones. Das Innenleben eines Smartphones wollen wir nicht wissen, sondern wir brauchen nur eine Metaphern-basierte Oberfläche und die ist sehr einfach: Mein Bewusstes. Ich kann wie mit der Benutzeroberfläche eines Handys ähnlich verstanden werden.

Wir können uns vielleicht darauf einigen, dass wir das Bewusstsein als Werkzeug brauchen, um über den Geist nachzudenken.

Manager glauben aber, dass sie es in Unternehmen mit physikalischen Objekten (Zombie) ohne subjektive Wahrnehmungen (Qualia) zu tun haben. Genau das macht den Unterschied von Menschen zu Zombies. Bei den Menschen gibt es leider zu viele offene Fragen und diese subjektiven Wahrnehmungen machen alles komplex.

Philosophie ist die Königsdisziplin, wenn es um fundamentales Wissen geht. Es geht über die Mathematik und Physik hinaus. Warum sind die Sachen so wie sie sind? Welche sind die Fragen, auf die die Wissenschaft noch keine Antwort gefunden hat? Mit unserem wissenschaftlichen Denken haben wir kein Bewusstsein, den menschlichen Geist zu verordnen bzw. zu verstehen.

Unter Qualia oder phänomenalem Bewusstsein versteht man den subjektiven Erlebnisgehalt eines mentalen Zustandes. Das Verständnis der Qualia ist eines der zentralen Probleme der Philosophie des Geistes. Dort wird von manchen angenommen, dass ihre Existenz nicht mit den Mitteln der Neuro- und Kognitionswissenschaften erklärbar ist.

In der Naturwissenschaft kommt man zu einer Einigung auf eine wichtige Frage über experimentelle Methoden. In der Philosophie ist das nicht der Fall. Aber es lässt sich erklären.

Sogar Newton war ein Philosoph, der sich Gedanken zu Natur und Raum machte. Er entwickelte exakte Methoden und plötzlich nannte man es Physik. Die Physik war also ein "Spin Off" der Philosophie.

Die Philosophie produzierte auch die Psychologie und die Wirtschaftswissenschaft. D.h. sobald man eine Einigung auf philosophischer Ebene trifft, wandert das Thema zu dem behandelten Bereich. Die Philosophie ist also ein Korb mit all diesen Problemen, für die noch keine Lösungen gefunden wurden.

Wenn wir Lösungen für das Bewusstsein finden, würde die Philosophie des Bewusstseins zur Wissenschaft des Bewusstseins wandern: An diesem Punkt sind wir noch nicht angekommen. Wir können das Bewusstsein als fundamentale Eigenschaft der Realität ansehen, wie Raum, Zeit und Masse in der Physik.

Es fehlt noch eine Theorie, die das Bewusstsein mit bestimmten Gesetzen adäquat mit dem Rest der Wissenschaft verbindet. Beim Physikalismus ist alles Materie, beim Dualismus ist alles Materie und Geist und beim Idealismus ist alles Geist, d.h. dass die gesamte Welt aus Bewusstsein besteht.

# Komplexe Zusammenhänge hinterfragen

Jetzt kommen wir wieder zurück auf unser alltägliches Leben mit seinen komplexen Fragen. Warum verstehen die Meisten nichts von Kriegen? Weil die verdeckte Militärkriegsführung schwer zu transportieren ist und nicht gelehrt wird, obwohl es einen zentralen Bestandteil unseres Lebens darstellt. Um es kurz zu halten: Kriege beginnen meist mit einer Lüge. Denn es geht nicht um wahre oder falsche Informationen bei der Auslösung von Kriegen, sondern ob diese Informationen in allen Kanälen zur gleichen Zeit ständig übertragen werden. Im Februar 2003 präsentierte der damalige amerikanische Außenminister Colin Powell „Beweise" für die angeblichen Massenvernichtungswaffen von Saddam Hussein vor dem UN-Sicherheitsrat, die sich später als Fälschungen herausstellten. Spannend ist auch anzumerken, dass in den USA die Partei der Demokraten oder der Republikaner nicht regiert, sondern in den USA regiert die Business Partei. Heute geht es bei den Kriegen fast ausschließlich um Rohstoffe, damit das Wirtschaftssystem der großen Nationen funktioniert. Die Großmächte brauchen Rohstoffe und auf jeden Fall die fünf UNO Mitglieder mit Vetorecht (USA, Frankreich, UK, Russland, China) und zwar jede Menge.

D.h. ein Beschluss bei der UNO kommt nicht zustande, wenn einer dieser Staaten diesem Beschluss nicht zustimmt.

Geostrategie, illegale Kriegsführung, Geheimarmee der Nato und die Magie des Unterbewusstseins sind Themen, die so selten im Mainstream zu sehen sind, aber diese diktieren unser Wirtschaftssystem. Nicht immer was wir ständig zu sehen bekommen, ist im Sinne der Rechtfertigung wahr. Das müssen wir heute so verinnerlichen.

Die Organisation Greenpeace protestierte 1995 gegen den Atombombentest der Franzosen im Pazifik. Das Schiff der Organisation wurde auf dem Weg dorthin von Agenten eines französischen Geheimdienstes (DGSE Admiral Pierre Lacoste) zur Explosion gebracht. Das ist Fakt und ist unbestritten. Deswegen erlaube ich mir die Frage zu stellen, ob die Nato selbst im Terrorismus in Europa unterwegs war oder ist. Dafür finde ich keine Dokumente, sondern nur Indizien.

Art. 5 des Nato-Vertrages wurde von den USA aufgrund des Vorfalls am 11. September 2001 in New York aktiviert, obwohl nicht klar war und ist, ob es sich um einen klar bewiesenen Angriff von Osama Bin Laden gehandelt hat. Bei diesem Attentat wurden drei Gebäude gestürzt. Zwei Gebäude wurden von Flugzeugen getroffen und es bleibt bis heute immer noch die Frage offen (auch 2004 im ersten offiziellen Rapport der USA nicht erwähnt), wie in unmittelbarer Nähe das dritte Gebäude WTC7 eingestürzt ist. Ich rede nicht von einem Auto, ich rede von einem kompletten Gebäude von über circa 174m Höhe, worüber gar nicht gesprochen (bzw. Thematisiert) wurde; Null. Der Einsturz von WTC7 könnte auch als eines der schwerwiegendsten Versagen von Gebäudestruktur in der neueren Geschichte dargestellt werden. Deswegen erlaube ich mir die Frage zu stellen, ob dieses Gebäude fachgerecht gesprengt wurde; Und jetzt kommt es: Wie und von wem? Der Krieg in Afghanistan wurde von den USA ohne Mandat der UNO ausgelöst (d.h. wieder ein illegaler Krieg) und verantwortlich dafür sollte Osama Bin Laden gewesen sein. Jetzt in Syrien gibt es einen Krieg, den die Wenigsten verstehen. Geben wir doch endlich zu, dass es bei den Kriegen meist nur um Rohstoffe bzw. um wirtschaftliche

Interessen geht. Dem muss man nicht blind zustimmen, aber man sollte sich damit auseinandersetzen.

## Mein Grund für das Success Value Management

Für mich ist es nicht ausschlaggebend im Zuge einer gesellschaftlichen Bewegung ein Modell zu entwickeln, sondern es ist vielmehr das Ergebnis einer nüchternen Auseinandersetzung mit dem Wirtschaftssystem, das uns prägt. Menschen neigen dazu, Informationen so auszuwählen, zu ermitteln und zu interpretieren, dass diese die eigenen Erwartungen erfüllen. Um diesen Effekt des Bestätigungsirrtums systematisch zu vermeiden, habe ich meist aktiv Informationen gesucht, die dem Abbild meines Nachrichtenkonsums widersprachen. So konnte ich mir dann eine ganz persönliche Meinung bilden. Damit kann ich mich nach meinen eigenen Werten disziplinieren und kanalisieren. Ich gründete 2008 das Unternehmen Change4S nicht primär, um mein aufgestelltes Modell zu bestätigen. Es ging am Anfang vielmehr darum, meine Selbstständigkeit zu verwirklichen und einen Firmennamen zu haben, um mein Modell widerzuspiegeln. Daher hatte ich auch im Jahr 2010 aus voller Überzeugung mein Unternehmen komplett nach dem Customer Value aufgebaut. Erst danach merkte ich, dass meine Idee im Kern viel mehr bietet und fing intensiv an, mich damit wissenschaftlich auseinander zu setzen. Es geht darum, bessere Wege zu gehen und erfolgreich zu sein; Es funktioniert: Success Value Management (mit Elementen des SSSS Corporate Management Modells).

## KAPITEL NEUN
# WERTORIENTIERTE UNTERNEHMENSFÜHRUNG

Wertorientierte Unternehmensführung (Value based Management) ist für ein unternehmerisches Leitziel zunehmend bedeutender, stellt aber das Management bei der Umsetzung immer noch vor schwierige Herausforderungen.

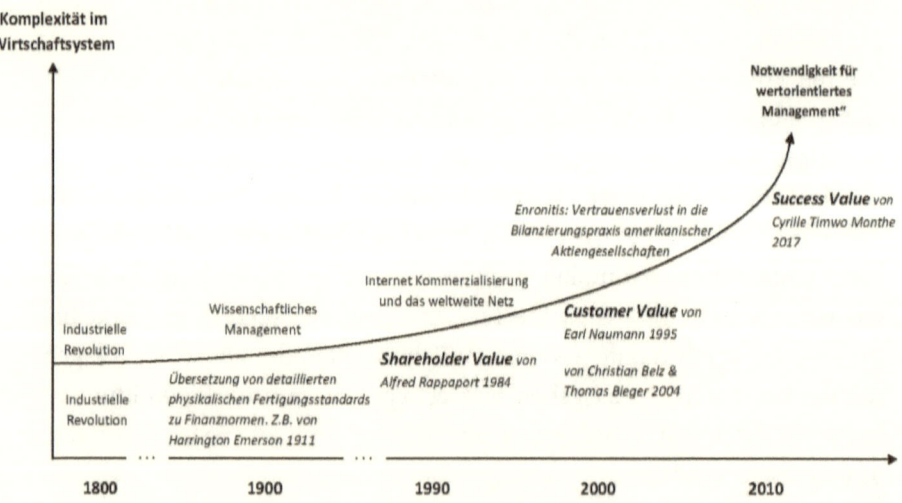

Darstellung 20: Notwendigkeit für wertorientiertes Management

Die Bestimmung einer wertorientierten Zielsetzung für das Unternehmen bedeutet, eine integrierte Zielfunktion zu spezifizieren, die an das Unternehmen angepasst ist. Sie ergibt sich aus dem Abgleich der internen Erwartungshaltung (Management und Mitarbeiter) mit den externen Erwartungen der Märkte.

Die Konzeption und Umsetzung einer wertorientierten Unternehmensführung in Bezug auf den integrativen Ordnungs- und Handlungsrahmen, umfasst die Maßnahmen für Profitabilität, Handlungsexzellenz, Finanzstrukturmanagement und Portfolio-Management; Und zwar mit komplementärer Ergebniswirksamkeit. Hinzufügend sind Managementinstrumente bereitzustellen, die innerhalb des Unternehmens die Veränderung von Intangible Assets zu Intangible Capital fördern, und somit langfristig eine fortlaufende Wertsteigerung gewährleisten.

Für die Umsetzung der wertorientierten Zielsetzung sind das Management und das Team strukturiert zu befähigen, die die Maßnahmen im Tagesgeschäft umsetzen. In diesem Zusammenhang sind die Kernaufgaben:

- die erfolgskritischen Positionen „richtig" zu besetzen,
- die Motivation und die Vernetzung der Mitarbeiter sowie
- die Entfaltung einer wertorientierten Organisationsstruktur zu gewährleisten.

Demnach folgt die Einrichtung einer zeitgerechten existenziellen Ausrichtung der Unternehmensziele.

## Stakeholder Value

Der Begriff „Stakeholder" kommt aus dem Englischen und als Näherungsübersetzung bedeutet er Anspruchsberechtigter. Der Stakeholder ist folglich eine Person, dessen Einsatz grundsätzlich auf dem Spiel steht und der deshalb ein Interesse an diesem Einsatz hat. „Stakeholder" wird mittlerweile nicht nur für Personen verwendet, die wirklich einen Einsatz geleistet haben, sondern auch für Personen, die ein Interesse am Ablauf oder Resultat eines Prozesses haben, vor allem möglicherweise Unbeteiligte wie z.B. Kunden oder Mitarbeiter sind dabei zu nennen. Einen umfassenden deutschen Begriff für Stakeholder gibt es in der Literatur nicht. Weitere Näherungsdefinitionen sind sowohl

„Anspruchsträger", „Interessenten und Betroffene" als auch bei Projekten „Projektbeteiligte" und „Projektbetroffene".

Der Stakeholder Value Ansatz als Gestalt der Unternehmensführung bedeutet, alle Interessengruppen, die in den betrieblichen Ablauf einbezogen oder von diesem betroffen sind, in der Planung der Unternehmensstrategie zu berücksichtigen. Der Stakeholder Value Ansatz hat zum Ziel, eine dauerhafte Existenz des Unternehmens zu gewährleisten. Theorie und Praxis haben keine einheitliche Auffassung, wer grundsätzlich als Stakeholder in Betracht kommt.

Die ausschließliche Berücksichtigung von Anspruchsgruppen kann ein Abgrenzungsmerkmal für die Fähigkeit der Unternehmensexistenz sein. Demzufolge müssen einerseits Kapitalgeber und anderseits Kunden, Mitarbeiter und Lieferanten erwähnt werden. Dazu könnte man auch den Staat nennen, der z. B. durch die Zurverfügungstellung öffentlicher Güter (z. B. Straßen, Schulen) und der Infrastruktur die wirtschaftliche Tätigkeit grundsätzlich möglich macht.

Je nach Blickwinkel ist auch der Stellenwert der verschiedenen Gruppen und infolgedessen die darauf basierte Unternehmensorientierung fraglich. Insofern liegt hier besonders die Herausforderung für das Management. Zu deren Bewältigung haben viele Autoren entsprechende Konzepte herausgegeben.

Von hohem Stellenwert ist Freemans Buch „Strategic Management - A Stakeholder Approach" aus dem Jahr 1984. Weitere bedeutende Bücher wurden noch in den letzten dreißig Jahren herausgegeben. So zum Beispiel im Jahr 1997, Mitchell, Agle und Wood publizierten einen geschlossenen Ansatz zur Identifizierung und Priorisierung der Anspruchsgruppen. Demgemäß stellen die Macht, die Legitimation und die Priorität die bedeutenden Kriterien dar. Im gleichen Jahr argumentiert Rowley mit der Theorie sozialer Netzwerke, um seine Erkenntnisse zu begründen.

Im Allgemeinen liegt in der theoretischen Auseinandersetzung zumindest eine Übereinstimmung vor, dass die Macht einer Anspruchsgruppe für das Stakeholder-Management grundlegend ist. Diesbezüglich wird häufig mit der Theorie der Ressourcenabhängigkeit argumentiert. Hierfür können Autoren wie Jeffrey Pfeffer genannt werden.

Stakeholder können im Management außerdem wie in der folgenden Darstellung nach Einflussgrad und Wirkungsgrad eingebunden werden:

|  | Hoher Wirkungsgrad | Geringer Wirkungsgrad |
|---|---|---|
| Hoher Einflussgrad | Key Stakeholder | Primäre Stakeholder |
| Geringer Einflussgrad | Key Stakeholder | Sekundäre Stakeholder |

**Darstellung 21: Einteilung von Stakeholdern**

Sowohl in der Systementwicklung (DIN 69905) als auch im Projektmanagement (ISO 10006) ist der Begriff Stakeholder immer noch fest etabliert. Darüber hinaus ist das Prinzip der Stakeholder die Grundlage des Shareholder-Value-Konzepts.

# Shareholder Value

Der Shareholder Value Ansatz ist auf die Publikation von Alfred Rappaport im Jahr 1986 zurückzuführen. Demgemäß hat die Unternehmensführung entsprechend der Erwartungen der Anteilseigner aktiv zu sein. Die Zielsetzung dabei ist, den langfristigen Unternehmenswert zu maximieren, die durch die Maximierung des Gewinns und Steigerung der Eigen-Kapitalrendite erfolgt. Die Eigenkapital-Mindestverzinsung, die gefordert wird, beherrscht andere Belange.

Da die Auffassung vom Shareholder Value inzwischen stark in die Kritik gekommen ist, wurde der Shareholder Value in der Fachliteratur und folglich in den Unternehmen in „Value Based View" (wertbasierte Sicht) umbenannt. Der Shareholder Value (Aktionärswert) ist als Marktwert des Eigenkapitals festgelegt. Es kommt dem Wert des Unternehmens und dem davon abhängigen Wert der Anteile gleich.

Der Shareholder Value ist also ein betriebswirtschaftliches Modell, das den Unternehmensablauf als eine Zusammenstellung von Zahlungen (Cash-Flows) ansieht, gleichermaßen zu der aus einer (Sach-)Investition ergebenden Zahlungsreihe. Ein Unternehmen wird mittels des freien Cash-Flows bewertet.

Ein auf Shareholder Value ausgerichtetes Unternehmen wird deshalb anstreben, die Maximierung des Aktienkurswertes und dadurch die Maximierung des Unternehmensmarktwertes zu erreichen. In der gesamten Betrachtung wird darunter jedoch nicht nur eine kurzfristige Steigerung des Börsenkurses, sondern auch eine langfristige Verbesserung der Konkurrenzfähigkeit und Profitabilität verstanden.

Mittlerweile wird immer noch der Shareholder Value Ansatz von zahlreichen Unternehmen verfolgt. Der Shareholder Value kann mit dem Ergebnis der Unternehmensführung determiniert werden. Dabei haben diverse Randbedingungen einen Einfluss, wie Rappaport 1986 erwähnte. Beeindruckend daran ist, dass Managemententscheidungen lediglich einen indirekten Einfluss auf den tatsächlich geschaffenen Shareholder Value haben.

Insbesondere die Ebene der Bewertungselemente kann die Auswirkungen der getroffenen Managemententscheidungen stärker hervorheben oder sogar wieder aufheben. An diesem Punkt wird also die Berechnung des Shareholder Value strittig. Das gefestigte Vorgehen sind Maßnahmen, von welchen angenommen wird, dass sie tatsächlich Wirkung in Bezug auf den Shareholder Value zeigen. Infolgedessen wird auch ersichtlich, dass der Shareholder Value einen Ansatz darstellt, der sich mit Stakeholder Value vereinbaren lässt. Unterschiede zwischen Shareholder Value und Stakeholder Value können wie in der folgenden Tabelle dargestellt werden.

## PART IV – Corporate Management Model (SSSS) – "Unternehmen"

| | Shareholder Value | Stakeholder Value |
|---|---|---|
| **Unternehmensziel** | Wertorientierte Unternehmensführung; Maximierung des Aktionärsnutzens | Nachhaltiges, sinnvolles Überleben des Unternehmens |
| **Hauptanspruchsgruppe** | Aktionäre (Anteilseigner) | Sämtliche Anspruchsgruppen (Management, AR, Kunden, Öffentlichkeit, Aktionäre, Arbeitnehmer, Lieferanten, Staat) |
| **Dimension** | Eindimensional (jede kritisierbar) | Mehr dimensionale Sicht |
| **Methodische Defizite** | Einzelkomponente (z.B. des Cashflows) infolge von Prognosen mit Unsicherheit verbunden | Einzelkomponente (z.B. des Cashflows) infolge von Prognosen mit Unsicherheit verbunden |
| **Erfolgsmaßstab** | Wertsteigerung | Befriedigung sämtlicher Anspruchsgruppen |
| **Hauptprobleme** | -Manipulierbarkeit<br>- Fehlende Verbindung zu operativen Zielen<br>- Umsetzungsschwäche<br>- schlechtes Image | -Heterogenität der Anspruchsgruppe<br>- Unübersichtlichkeit / Komplexität<br>- fehlende Zielpräzisierungen<br>- Akzeptanzprobleme im Management |

**Darstellung 22: Shareholder Value vs. Stakeholder Value**

Der Shareholder Value resultiert aus dem Unternehmenswert abzüglich des Fremdkapitals. Aufgegliedert in die einzelnen Bestandteile ergibt sich die in der folgenden Tabelle dargestellte Formel, um den Shareholder Value zu berechnen:

Brutto-Cash-Flow (= zukünftige, diskontierte Cash-Flows)

| |
|---|
| Investitionen in AV und WC |
| Steuerzahlungen |
| Barwert freier betrieblicher Cash flow (bzw. Free-Cash-Flow) |
| + Unternehmenswert am Ende des Planungshorizontes |
| Unternehmenswert |
| Fremdkapital |
| Shareholder Value |

**Darstellung 23: Berechnung des Shareholder Values**

Bei der Berechnung des Shareholder Values werden Schwächen entdeckt, die grundsätzlich für Discounted-Cash-Flow-Methoden Gültigkeit besitzen. Mit steigendem Zeitintervall wird die Schätzung des Cash-Flows fortlaufend unzuverlässiger, genauso gilt es für den Zinssatz, der angesetzt wird. Bei letzterem ist es gelegentlich fragwürdig, wie er ermittelt wird. Außer die bewährte Formel zur Berechnung des risikolosen Zinssatzes aus dem Capital-Asset-Pricing-Model (CAPM) kann die Ermittlung auch entstehen: Aus vergangenheitsbezogenen durchschnittlichen bzw. gegenwärtigen Zinsen der Zentralbank, Aktienmarktentwicklung (global / lokal) oder aus dem Zinssatz dauerhaft sicherer Anleihen, ob die Vermutung der Zinssatzstabilität überhaupt zulässig ist. Zu diesem Zweck lässt sich feststellen, dass der größte Beitrag zum zahlenmäßigen Wert des Shareholder Values in den meisten Berechnungen aus dem (noch unzuverlässig zu bestimmenden) Restwert resultierte.

Bewundernswert ist die aktive kritische Stellungnahme von bedeutenden Managern zu dem Stakeholder Value Ansatz. In Bezug auf die Wirtschaftskrise bezeichnet Jack Welch, langjähriger Chef des Unternehmens General Electric (1981 - 2001), Stakeholder Value als eine der unsinnigsten Ideen in der Marktwirtschaft. Mit Jack Welch wuchs der Unternehmenswert von General Electric von ca. 10 auf 400 Milliarden Dollar innerhalb von zwanzig Jahren. Er galt als führender Praktiker des Managements, das nach dem Shareholder Value handelte.

Gegen den Shareholder Value schreibt Fredmund Malik, Verwaltungsratspräsident des Managementzentrums St. Gallen im März 2009: „Niemand widerlegt, dass Kapitalgeber, also Miteigentümer eines Unternehmens, dafür auch vergütet werden sollen. Allerdings führt die auf dem Shareholder-Value-Konzept beruhende Corporate Governance das Management des Unternehmens systematisch in die Irre. Die heutige Wirtschaftskrise ist die Folge aus diesen Irrlehren."

Ein Grund sich mit neuen Zielgrößen zu beschäftigen, die sich in den Fokus der strategischen Ausrichtung eines Unternehmens stellen. In der aktuellen wissenschaftlichen Auseinandersetzung spielt dabei der Customer Value eine bedeutende Rolle.

## Customer Value

Die Feststellung der kooperierten Forschungsinstitute und Wissenschaftler an der Universität St. Gallen für Customer Value ergibt, dass zum einen die Kunden langfristig den Erfolg von Unternehmen bestimmen und zum anderen Customer Value langfristig den Shareholder Value schlägt. Das Ziel ist nicht mit Customer Value die Ausrichtung am Mehrwert für Aktionäre abzulösen, denn in Bezug auf eine Rangfolge kommt Shareholder Value erst nach dem Customer Value und forciert den Unternehmenserfolg. Das Customer Value Management kann wie in der folgenden Abbildung dargestellt werden.

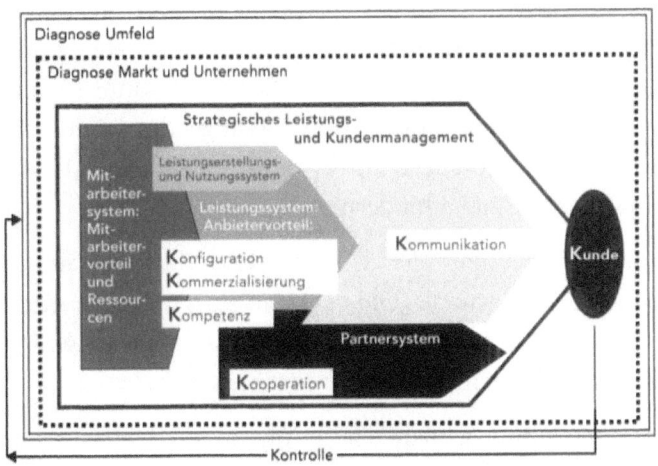

Darstellung 24: Das Customer Value Management – St. Galler Ansatz

Bei der Bewahrung und systematischen Steigerung der Profitabilität des ganzen Kundenstamms stellt die gezielte Steuerung der Kundenwerte eine Kernaufgabe dar. Grundlegend dabei ist die Ermittlung der Kundenpotenziale und Risiken, sowie die Entwicklung, Umsetzung und Erfolgskontrolle der Maßnahmen über den gesamten Lebenszyklus der Kunden. Es beginnt schon bei der Akquise der für das Unternehmen erfolgversprechenden Kunden und geht über die aktive Entwicklung der bestehenden Kundenbeziehungen und des wertorientierten Kundenservices bis hin zur Bindung der erfolgversprechenden Kunden mit den zweckmäßigen Strategien. Zu diesem Zweck sollte das Unternehmen schon erfahren haben können, welche Kunden Zukunftspotenzial aufweisen und welche Gesichtspunkte zu einer dauerhaften Kundenbeziehung anregen.

Für ein erfolgreiches Customer Value Management ist ein Umdenken notwendig. Denn hierbei ist es der Kundenwert, der die Organisation bzw. die Prozesse und Instrumente determiniert. Dies ist Bedingung, um die analytischen Erkenntnisse über die Kunden (z.B. Produktaffinitäten, Kaufwahrscheinlichkeiten) in bestmögliche Kundeninteraktionsprozesse zur Steigerung des Kundenwertes zu übertragen. Hierzu zählen u.a. Cross- und Up-Selling sowie Retentionsprozesse. Für das Produkt- und Leistungs-Management führt es zu einer erheblich verstärkten Verzahnung mit den Markt- und Kundenbedürfnissen. In diesem Zusammenhang ist die Analyse der Kundenprofile, Leistungsangebote und bewährten Kundenprozesse grundlegend, um Fehlinvestitionen und Kundenabwanderung zu verhindern.

Der Kundenwert ist über die Treiber (der Werte) gesamtheitlich zu bewerten. Somit ist es grundlegend die richtigen Treiber der Kundenwerte sowie der Risiken festzustellen, damit die Ressourcen effektiv eingesetzt und Marketingaktivitäten bestmöglich gesteuert werden.

Der Indikator zum nachhaltigen Erfolg eines Unternehmens beim Customer Value Ansatz liegt in der maximalen Anzahl dauerhaft profitabler Kundenbeziehungen, die mit einem optimierten Ressourcen-Ansatz bei den Kundenbearbeitungen und Leistungserbringungen entstehen. In diesem Fall ist der Kundenwert das zentrale Steuerungsinstrument für den Unternehmenserfolg. Zusammenfassend handelt es sich um einen integrierten Managementansatz mit dem Kunden als bedeutendstem Aspekt.

Nachdem ich mich persönlich unternehmerisch und wissenschaftlich mit dem Customer Value auseinandergesetzt hatte, befestigte sich der Grund, sich mit neuen Zielgrößen zu beschäftigen, die sich in den Fokus der existenziellen Ausrichtung eines Unternehmens stellen. Im Zuge der wissenschaftlichen Auseinandersetzung entwickelte ich dabei den „Success Value" als neues Paradigma für unsere aktuelle Zeit.

## Success Value

Beim Customer Value Management wird die Bewertung des Erfolges auf dem Kundenwert kanalisiert. Es wird damit argumentiert, dass leistungsfähige Veränderungen in den Umfeldfaktoren sowie die rasante Entwicklung der Informationstechnologien in den letzten Jahren die Grundlagen geschaffen haben, dass Unternehmen verstärkt den Customer Value als neuen Zielwert in den Fokus ihrer strategischen Orientierung stellen.

Dabei ergibt sich das Defizit in Theorie und Praxis, den Erfolg nach den eigenen Werten und Normen zu referenzieren und daraus wird die essentielle Frage der Existenz gestellt. Philosophisch betrachtet wird die Existenz mit der Frage gestellt: Ist etwas da, nur weil wir es wahrnehmen? Eine eindeutige Antwort auf diese Frage gibt es nicht. Mathematisch betrachtet existiert ein Objekt nur dann, wenn ein Algorithmus angegeben werden kann, mit dem es sich konstruieren lässt. Ein Unternehmen kann nur dann existieren, wenn es mit seinem algorithmischen Konstrukt auf lange Sicht erfolgreich ist.

Somit lässt sich in Bezug auf den Erfolg ein neuer Zielwert ableiten, der sich in den Fokus der existenziellen Ausrichtung eines Unternehmens stellt: Der Success Value.

## KAPITEL ZEHN
## THESE: SUCCESS VALUE

Management-Irrlehren systematisch vermeiden und selbst besser machen? Ja, es ist möglich. Das Wirtschaftssystem an sich funktioniert gut bzw. schlecht je nach Betrachtungswinkel des Beobachters. Die Bewertung unterliegt jeder einzelnen Person, um daraus Ableitungen vornehmen zu können. Diese Bewertung kann und muss jeder selbst tun, da kein anderer in der Lage ist, diese für Dich vorzunehmen.

Mit dieser selbstständigen wissenschaftlichen Forschungsarbeit in praktischer Anwendung setze ich mich für den Paradigmenwechsel im Management mit folgender These ein: Das Success Value Management ist eine notwendige Dimension, die den nachhaltigen Erfolg bestmöglich garantieren kann.

Es gibt in der Wissenschaft keine einheitliche Meinung, ob sich theoretische Aussagen empirisch sicher bestätigen oder nur prinzipiell widerlegen lassen. Meine These hat sich empirisch bestätigt. Wir haben Stakeholder Value, Shareholder Value sowie Customer Value kennen gelernt und angewendet (um nur die wichtigsten Management Ansätze zu nennen).

Das Management-Paradigma, das ich Ihnen mit meiner These vorstelle, lautet: Success Value Management. Vor über zehn Jahren (im Jahr 2008) habe ich zuerst diese These als Change4S® Management Modell aufgestellt und im Jahr 2009 publiziert. Fachvertreter diskutieren bis heute, ob die Managementlehre den harten Kriterien einer Wissenschaft genügt. Einflussreiche Management-Autoren äußerten anfänglich, dass Management niemals eine exakte Wissenschaft werden könne, da sie vornehmlich eine Kunst sei und auf Intuition beruhe, der die Manager bei der Erfüllung ihrer Aufgaben folgen. Diese Intuition für das Management im heutigen Wirtschaftssystem zündet meist nicht richtig (siehe die

Grabstätten der einst vielversprechenden Projekte), da meines Erachtens diese in uns tief verwurzelt ist und noch mit dem Rahmen aus der Steinzeit gekoppelt ist. In dieser Zeit war das System weniger komplex, da es wenige Schnittstellen gab, sodass Menschen von der Geburt an bis zum Tod mit wenig verändertem Umfeld und der (fast) gleichen Umgebung zu tun hatten.

Heute sieht es völlig anders aus. Deswegen benötigen wir vielmehr rationale Entscheidungen. Wir sind vom Wesen her gleichgeblieben, allerdings verändern sich Umfeld und Umgebung für unser Auffassungsvermögen viel zu schnell.

Bis dato bewegen sich im Feld der Managementlehre vor allem in den USA sehr praxisnahe Managementempfehlungen, die von so genannten Management-Gurus eher undifferenziert, aber mit erheblichem Erfolg und Einfluss vermarktet werden. Es gibt also eine breite „Grauzone" zwischen „Beraterliteratur" und wissenschaftlichen Ansprüchen genügender Managementliteratur. Dennoch wurde der Managementlehre damals bereits von anderen Seiten der Status einer Wissenschaft zugesprochen.

Die empirische Forschung wird in der wissenschaftstheoretischen Literatur teilweise kontrovers diskutiert und definiert. Ich verzichte darauf, die Argumente dieser Diskussion im Einzelnen aufzugreifen. Ich habe mich auf in dieser Arbeit vertretene Position festgelegt, die ich kurz darstelle. Die an wissenschaftstheoretischen Grundsatzerörterungen interessierten Leser mögen sich z.B. bei Bernal; Diederich; Kuhn; Lakatos; Popper; Stegmüller; Weinberg; Westmeyer; informieren. Mit dieser Arbeit stelle ich nun die Erkenntnisse dar, die zum einen aus einer theoretischen Auseinandersetzung und zum anderen aus einer empirischen Untersuchung in der Zeit von 2012 bis 2020 basieren.

## Ziel der These

Das Ziel der These ist es, den nachhaltigen Erfolg bestmöglich zu garantieren. So entsteht das Paradigma des Success Value Managements! Denn die vorhandenen Managementmodelle bringen uns anscheinend dazu, Chancen der Organisation zu erkennen, ohne den Bezugsrahmen des Wirtschaftskontextes zielgerichtet zu integrieren. Diese Lücke wird mit dem Success Value Management-Ansatz durch das SSSS Corporate Management Modell in den Bereichen 1.1, 1.2, 1.3, 1.4 und 6.1, 6.2, 6.3 geschlossen.

## Notwendige Dimension

Das Success Value Management stellt einen Management-Bezugsrahmen dar, der sich aus der Systemtheorie ableitet und als ganzheitliches Managementsystem zu interpretieren ist. Es ist ein offenes System, das stark auf Rückmeldung und Reflexion angewiesen ist, um daraus Chancen aufzudecken und diese zu nutzen.

## Verhaltensmuster und die Macht der Selbstorganisation

Das Success Value Management soll dazu führen, die Komplexität und Dynamik von Systemen zu erkennen, zu verstehen und zu bewältigen:

- Sinn im kulturellen Kontext unter Berücksichtigung unserer Denkmuster geben.
- Erfolg als fundamentalen Motivator akzeptieren.
- Kontextbezogenes Handeln umsetzen.

## KAPITEL ELF
# KONTEXTISIERUNG

In der Praxis, sowie in der Forschung werden Methoden verwendet, die zum Teil mit denen der Naturwissenschaft und zum Teil mit denen der Philosophie verwandt sind. Deshalb ist die Abgrenzung schwierig. Es gibt keine einheitlichen Regelungen jenseits der Traditionen derjenigen Institutionen, die die Begriffe verwenden.

Ein wesentlicher Unterschied ist meines Erachtens nach, dass die Philosophie rein auf Gedankengänge und Überlegungen aufbaut, also auch auf Hypothesen und Spekulationen. Die Wissenschaft lehnt Spekulationen ab und geht methodisch vor. Sie zählt, was sich durch Experimente oder Beweise verifizieren lässt.

Im Rahmen des kritischen Rationalismus (K. Popper) wird argumentiert, dass es Verifikation nicht gibt. Allgemeine Gesetzesaussagen können nur wahr, aber unverifiziert sein oder mit Beschreibungen von Sachverhalten, die der Aussage widersprechen, falsifiziert werden, sich also als ungültig herausstellen.

Anderseits vertrat Thomas S. Kuhn die Auffassung, dass Wissenschaftler im normalen Wissenschaftsbetrieb nicht nach Falsifikationen suchen, sondern innerhalb eines akzeptierten Paradigmas – einer grundlegenden Theorie – an der Lösung von Rätseln und der Klärung von Anomalien arbeiten („Normal-Wissenschaft"). „Kein bisher durch das historische Studium der wissenschaftlichen Entwicklung aufgedeckter Prozess hat irgendwelche Ähnlichkeit mit der methodologischen Schablone der Falsifikation durch den unmittelbaren Vergleich mit der Natur." Dieser Auffassung der Lösungsarbeit von Thomas S. Kuhn folge ich mit dieser Arbeit.

Die Trennung erscheint aber oft verwaschen, weil viele Wissenschaftler gleichermaßen auch Philosophen sind. Einstein war als Physiker ein

Naturwissenschaftler, hat sich aber auch philosophisch betätigt, z.B. durch seine Relativitätstheorie. Zu seiner Zeit war diese eine reine Überlegung ohne die Möglichkeit einer Überprüfung. Heute wissen wir, dass seine Vermutung richtig war, weil wir jetzt in der Lage sind, solche Messungen durchzuführen. Somit leite ich ab, dass es keine der heutigen Wissenschaften ohne die Philosophie gäbe. Die Naturwissenschaft forscht nach Einsicht durch Erkenntnisse. Die Philosophie lehrt Erkenntnis durch Einsicht. Je nach Betrachtungswinkel kann es sich in dieser Arbeit um Naturwissenschaft und/oder um Philosophie handeln. Also, zuerst erlaube ich es mir, eigene Definitionen zu erstellen. Es ist auch eine Art, das Ganze so zu betrachten, die a priori nicht zeitkonsistent sein muss.

## Von der Illusion über Konfusion hin zum Paradox und mal zurück zu sich

Was also bedeutet Illusion? Es bedeutet, dass Illusion die Realität in der Welt ist und die Realität im Verstand illusionär ist. Daher sind die Welt, der Mensch und der Verstand nicht das, als was sie der Verstand bislang verstanden hat und wofür er sie hält. Sobald der Mensch diese Illusion des Lebens tiefgründig versteht, wird er erkennen, wer er wirklich ist.

Im engeren Wortsinn ist eine Illusion eine falsche Wahrnehmung der Wirklichkeit. In einem weiteren Wortsinn werden auch falsche Interpretationen und Urteile als Illusion bezeichnet. Wir werden immer damit illusioniert mehr Möglichkeiten bzw. Optionen zu erarbeiten, um eine Kontrollsicherheit herzustellen. Aber es wird nicht darauf hingewiesen, dass mehr Optionen auch mehr Konfusion impliziert. Das Wort Konfusion kommt in der Alltagssprache vor und bedeutet hier Verwirrung, Unklarheit, Verworrenheit, Durcheinander. Bei Verhandlungen zum Beispiel setze ich auf Konfusion im Sinne von Optionen. D.h. In Verhandlung stärke ich meine Macht, wenn ich eine starke Alternative habe. Dadurch kann ich in der Verhandlung aktiv die

Win-Win Situation gestalten und auf einen Konsens zielen. Bei einem Konsens wird auf die Bedürfnisse aller Beteiligten gleichermaßen eingegangen und an einem gemeinsamen Ziel gearbeitet. Der Konsens kann damit zwar einen deutlich höheren Zeitaufwand bedeuten, jedoch sind bei dessen Gelingen alle Beteiligten deutlich zufriedener. Eine Lose-Lose Situation ist ein schlechter Deal, denn ein Kompromiss bedeutet immer auch Verzicht und damit verlieren beide Parteien. Eine Win-Lose-Situation ist aber ein Hinweis auf einen schlechten Deal.

Jeder hat das Recht auf ein wenig Konfusion im Leben. Allerdings herrscht darüber nach wie vor auch eine gewisse Konfusion. Das ist das Paradox in sich. Ein Paradoxon ist ein Befund, eine Aussage oder Erscheinung, die dem allgemein Erwarteten, der herrschenden Meinung oder Ähnlichem auf unerwartete Weise zuwiderläuft oder beim üblichen Verständnis der betroffenen Gegenstände bzw. Begriffe zu einem Widerspruch führt.

Gemeinsam ist allen Paradoxa der Widerspruch zwischen dem Behaupteten einerseits und den Erwartungen und Beurteilungen andererseits, die sich aus vertrauten Denkheuristiken, Vorurteilen, Gemeinplätzen, Mehrdeutigkeiten oder begrenzten Perspektiven als alltägliche Meinung (doxa) ergeben. Wir handeln meist mit der Illusion, dass wir mehr erarbeitete Optionen für den eigenen Erfolg benötigen. Aber wenn wir mehr Optionen haben, haben wir mehr Konfusion und das ist das Paradox der Wahl.

Wir müssen erkennen, dass wir als Mensch fehlbar und im Inneren negativ konditioniert sind. Das ist der Grund warum wir jammern und klagen anstatt aktiv nach Lösungen zu suchen. Ökonomisch betrachtet, gilt die goldene Regel, dass die Zukunft denen gehört, die die Möglichkeiten erkennen, bevor sie öffentlich werden. Der Mensch ist so gestrickt, dass er immer annimmt, was andere ihm vormachen. Also wir übernehmen Sachen vom Lehrer, die er nicht beherrscht und so fängt das Chaos an.

Meine Zukunftsbilder müssen in Wörter übersetzt werden. Dies bewirke ich für mich hier mit diesem Buch. Wörter haben eine Bedeutung und somit einen Handlungsauftrag. Ich kämpfe hier nicht gegen etwas, ich bin für etwas. Denn wir beklagen uns oft für die Vergangenheit und nicht für die Zukunft. Wenn Du für etwas bist, dann bist Du zukunftsorientiert. Wir lernen viel zu wenig, aber konsumieren zu viel Informationen. Das ist der Grund, warum ich Konsumunterhaltung als geistige Vernichtungs-Maschine betrachte. **Lernen** ist für mich etwas erfahren (von Erfahrung), alles andere ist Information. „Information erleben" ist wiederum **Wissen**. Wissen und Können ist **Kompetenz**. Mit dem Wissen aus der Abstraktion von Sachverhalten zweckvolles Handeln abzuleiten ist für mich **Intelligenz**.

Dieses Buch kann viel repräsentativer als die Ergebnisse von großen durchgeführten Studien sein. Wir neigen dazu Statistiken anzunehmen ohne sie tiefgründig zu hinterfragen und im richtigen Kontext zu deuten. Mit dem Hintergrund, dass Menschen zu keinem Zeitpunkt neutral der Welt gegenüberstehen. Soziale Zusammenhänge müssen für mein zweckvolles Handeln von mir leicht nachvollziehbar und nicht primär wissenschaftlich nachvollziehbar sein. Womöglich ist unser Leben ja gar nicht so verzwickt wie jene Rätsel, die sich Mathematiker ausdenken. Ich glaube, dass die Wahrscheinlichkeitsrechnung das konfusionsbehaftete Werkzeug zum Lösen meiner Probleme ist.

**Ich benutze daher oft die erste Person Singular, um konkret über mich zu sprechen. Es hat nichts mit Egoismus zu tun, sondern es geht darum eine Rückbezüglichkeit zu erfahren. Die dritte Person Singular wende ich an, nicht um mich zu verstecken, sondern um eine Projektion zur Allgemeinheit zu erfassen.**

Eine ganz tiefe persönliche Angelegenheit: Wir neigen dazu zu verzeihen, alles was weit weg ist, anstatt zu verstehen was mit sich in seiner Nähe stattfindet. Erst ab dem Zeitpunkt, an dem ich einen **inkompetenten** Schwarzen Afrikaner in einer wichtigen Position, bei der von Weißen dominierten Gesellschaft, sehen werde, dann wäre es für mich ein Signal, dass wir kein Rassismusproblem mehr haben. Barack Obama (ex Präsident USA) oder Tidjane Thiam (ex CEO Credit Suisse) sind für mich alle hochintelligenten Menschen und für ihre begleiteten Positionen gemacht. Es geht nicht um Schuldzuweisung, es geht darum zu erfahren, was durch die damit zusammenhängenden negativen Auswirkungen immer noch passiert. Kein Mensch ist ohne Geschichte denkbar.

# Definitionen von System, Wert und Change

Es gibt keine einheitliche Definition des Begriffs System, da die Bedeutungszuweisung je nach Fachgebiet sehr unterschiedlich ist. Demnach ist auch der vorhergehende Satz eine Abstraktion im Sinne eines größten gemeinsamen Nenners. Eine Konkretisierung der Parameter ist möglich und ich definiere den Begriff „System" wie folgt: **Ein System ist ein abgrenzbares Ganzes, das aus Entscheidungen entsteht, die geordnet miteinander vernetzt sind.** Eine Handlung ist somit eine auf das System bezogene Selektion. Dass ein System durch Information (Luhmann's Systemtheorie) oder durch Handlung (Hebermas's Systemtheorie) entsteht, ist für mich irreführend und nicht zweckmäßig. Meine Erfahrungen und Beobachtungen kommen eindeutig auf ein anderes Ergebnis: Für mich entsteht ein System durch Entscheidungen.

Im wirtschaftlichen Kontext betrachte ich den Begriff **Wert als ein ökonomisches Ausmaß, das ethisch den Grad der Wichtigkeit** einer Person, Sache, Handlung oder Entscheidung beschreibt. Die Beschreibung der Wichtigkeit hat zum Ziel, zu bestimmen, welche Entscheidungen am besten zu treffen sind, welche Handlungen am besten zu tun sind oder wie man am besten lebt.

Den Begriff „Change" (bzw. Wandel) definiere ich wie folgt: **Change ist ein systemisches Produkt.** Logischerweise ist es eine zweckmäßige Definition für Change. Christoph von Sigwart wollte „Definition" nur den Satz nennen, der die Bedeutung zweier Ausdrücke gleichsetzt. Jede Definition ist eine Festlegung im jeweiligen Sprachgebrauch und kann daher nicht „wahr oder falsch" sein, sondern bloß „zweckmäßig oder unzweckmäßig". Ähnlich argumentiert auch Karl Popper: „Nicht durch die Definition wird die Anwendung eines Begriffes festgelegt, sondern die Verwendung des Begriffes legt das fest, was man seine Definition oder seine Bedeutung nennt. Anders ausgedrückt: Es gibt nur Gebrauchsdefinitionen."

Für die Wissenschaftstheorie von Karl Popper oder zunächst auch von Wolfgang Stegmüller ist Wissenschaft nicht ein System von Begriffen, sondern ein System von Sätzen. Hingegen einer alternativen

Wissenschaftstheorie, non-statement view genannt, die Wolfgang Stegmüller von Joseph D. Sneed übernommen hat, sind Theorien keine Satzmengen, sondern Begriffe. Erst die mit Theorien verbundenen Anwendungsbehauptungen kommen dann Theorien für Bestätigungen oder Widerlegungsversuche in Frage.

Definitionen werden häufig gefordert und für nötig gehalten, um eine Verständigung über die benutzten Wörter und Begriffe herbeizuführen, beziehungsweise um Missverständnisse möglichst von vornherein auszuschließen.

Für „Change" (bzw. Wandel) ist eine einfache und allgemeine zweckmäßige Definition längst überfällig. Zur Verdeutlichung der Definition lässt sich eine Allokation wie folgt bilden: Erkennen wir die Treue als kulturelles Produkt an, können wir Change als systemisches Produkt anerkennen.

## 4S als Allokation reinen Zufalls zu Force

Es kann in einem Universum ohne Zufall keinen freien Willen geben, da jede Entscheidung bei Kenntnis aller Einflussgrößen vorhergesagt werden könnte. Aber wenn unsere Entscheidungen zufällig zustande kommen, ist das erst recht nicht, was wir uns unter freiem Willen vorstellen. **4S (SSSS) spreche ich als Force aus**, weil es sich so zufällig ergeben hatte.

Der Zufall ist etwas, was man nicht vorausgesehen hat, was nicht beabsichtigt war, was unerwartet geschah. Das Leben ist eine Aneinanderreihung unzähliger Zufälle. Es kann sein, dass die Zufälle uns zufallen und sie werden nur zur Chance, wenn wir eine Absicht haben. Wenn ich etwas will, wenn ich ein Bild im Kopf habe, eine Vision. Das klingt immer so groß, aber einen Wunsch, wie will ich leben und was möchte ich tun? Dann kommt plötzlich der Zufall, und wenn Zufall auf Absicht stößt, dann entsteht die Chance.

Der Zufall geht Wege, da kommt die Absicht gar nicht hin? Aber was wäre, wenn es der Zufall auch mit Absicht getan hat? Also beschäftige ich mich in Fortsetzung der Gegebenheiten mit meiner Absicht, worauf sich auch das Glück ergeben kann. Das Glück ist etwas, was das Ergebnis des Zusammentreffens besonders günstiger Umstände ist: Besonders günstiger Zufall; günstige Fügung des Schicksals.

## Von Task Force zu Change Force

Von Task Force zu Change Force bzw. von Struktur zur Funktion.

Aus dem Zufall 4S (SSSS) als Force auszusprechen, ergibt sich eine Verbindung zu Systemen im Sinne der Systemtheorie: Funktionalismus und Systemerhaltung.

Das Wirtschaftssystem wird von Menschen gemacht. Deshalb kann niemand wirtschaftliche Prozesse verstehen, der keinen Einblick in die menschliche Wahrnehmung, die Triebkräfte und Motive menschlichen Handelns gewinnt. Als soziologische Systemtheorie wird eine auf systemtheoretischen Diskursen und Begriffen basierende Theorie der Sozialität als Teil einer allgemeinen Soziologie bezeichnet. Die soziologische Systemtheorie hat dabei den Anspruch, eine Universaltheorie im Sinne eines umfassenden und kohärenten Theoriegebäudes für alle Formen von Sozialität (z. B. Zweierbeziehungen, Familien, Organisationen, Funktionssysteme, Gesellschaft) zu sein. Damit umfasst sie auch sich selbst als Gegenstand ihrer Theorie, operiert also selbstbezüglich (selbstreferentiell). Als wichtigste Vertreter gelten Talcott Parsons (strukturfunktionalistische Theorie des Handlungssystems) und Niklas Luhmann (funktionalstrukturalistische Theorie sozialer Kommunikationssysteme).

Managementeinheiten in der Wirtschaft und auch innerhalb eines Unternehmens werden immer noch als Task Force gebildet, um essentielle Probleme zu lösen. Damit assoziiere ich einen mit Barrieren verbundenen Strukturgedanken. **Um die Barriere aufzulösen, schlage ich Change Force vor, damit ein mit Schnittstellen integrierter Funktionsgedanke assoziiert werden kann.**

## Definition von Management

Bei Definitionen geht es meist darum, das beste Verständnis für einen Begriff zu gewinnen. Den Begriff „Management" interpretiere ich wie folgt: „Management ist die erfolgsorientierte Interaktion mit Komplexität". Sobald das Management mit Komplexität in Verbindung gebracht wird, gibt es in sich schon eine Kopplung mit Systemen, mit dem sich das Management auseinander zu setzen hat.

**Management definiere ich primär als „die Umwandlung von Potential in Nutzen durch Arbeitskraft, um Werte zu generieren".**

## Definition von Erfolg

**Den Begriff „Erfolg" definiere ich wie folgt: Erfolg ist das Erreichen selbst DEFINIERBARER Ziele durch die Ausschöpfung des eigenen Potentials.** Kriterien des Erfolges erstarren in Verhältnismäßigkeit zu rechtlichen Maßstäben, denn Erfolg ist ein Prinzip der praktischen Vernunft.

„Versuche nicht ein Mann von Erfolg, sondern ein Mann von Werten zu werden" sagte Einstein, so habe ich es mal gelesen. Ich sage nur dazu, dass es schön klingt, aber es hat mit der heutigen Realität nichts zu tun. Ich formuliere meine Empfehlung so: Versuche ein Mann von Erfolg zu sein, nur dann kannst Du Deine Werte übertragen bzw. weitergeben. Wenn Du arm bist, werden Deine Werte niemanden interessieren, außer Deine Kinder vielleicht. Also: Wenn Du Deine Birne (Gehirn) nicht zum Reifen bringst, wird sie roh gefressen; Und wenn Du Deine Birne zum Reifen bringst, wirst Du sie selbst genießen.

Liebe und Freunde kann man sich kaufen, Erfolg muss man sich erarbeiten, um seine zu übertragenden Werte aufzubauen. Ich denke schon, dass Werte in Armut nichts mit Werten im Reichtum zu tun haben: Sie sind einfach nicht kompatibel. Reichtum ist kein Eigentum und wiederum auch keine Schande, so wenig wie Armut eine ist. Werde reich und Du wirst länger leben, werde intelligent und Du wirst noch (gesünder und) länger leben.

*PART IV – Corporate Management Model (SSSS) – "Unternehmen"*

# *Corporate Management Model (SSSS) -*
# *"Unternehmertum"*

PART IV – Corporate Management Model (SSSS) – "Unternehmen"

## KAPITEL ZWÖLF

Wir werden nicht so einfach über unser lineares Denken handeln können, solange die Modelle immer wieder linear abgebildet werden. Wir sollen bestrebt sein, die Modelle in Vernetzung zu systematisieren. In der Wirtschaft geht es stets um den Erfolg. Erfolg ist der Anstoß für eine Auseinandersetzung mit Management. Also wie baue ich mein Management auf, um den Erfolg bestmöglich zu garantieren?

*Systems*

*Strategy*

*Solutions*

*Success*

Im Jahr 2008 stellte ich die These des „Success Value Managements" auf, die ich in Form des Change4S Management Modells aufzeichnete. Also gründete ich im Jahr 2008 die Firma Change4S mit dem Sitz in Oberried-Deutschland. Im Jahr 2013 verlegte ich den Firmensitz nach Allschwil-Schweiz und anschließend nach Baar-Schweiz. In diesem Jahr 2020 löste ich das Unternehmen auf, da ich die Anworten auf meine Fragen gefunden habe: Ich bin damit nachhaltig erfolgreich und zum Selfmade Millionär geworden. Jetzt trage (bzw. spüre) ich die tiefe Verantwortung zu lehren und ziele darauf, nachhaltig erfolgreiche Menschen zu schaffen.

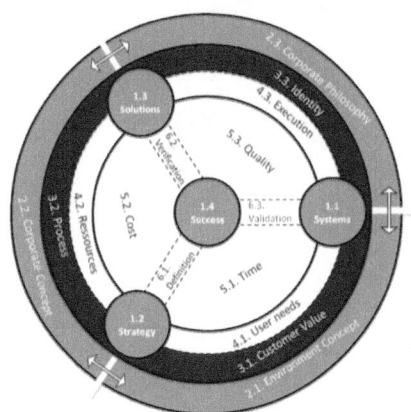

Darstellung 25: Corporate - SSSS Model (1/2 GESELLSCHAFTLICHE DIMENSION)

Part 4: Gesellschaftliche Dimension

*PART IV – Corporate Management Model (SSSS) – "Unternehmen"*

Mit dieser Arbeit möchte ich nun die empirischen Erkenntnisse aus der Zeit vom Jahr 2012 bis zum Jahr 2020 bei der Umsetzung des Success Value Management Ansatzes in gesellschaftlicher Dimension darstellen und daraus Schlussfolgerungen, bezogen auf das SSSS Modell, ziehen. Im Kontext des SSSS Modells geht es beim Success Value Management darum, einen Erfolgswert zu schaffen, mit dem es sich verhältnismäßig wirtschaftlich leben lässt:

| Success Value Management ||
|---|---|
| **A: Erfolgswert schaffen** | **B: Wirtschaftlich leben** |
| **1. Bezugsrahmen des Wirtschaftskontextes verstehen:**<br>1.1. Systems<br>1.2. Strategy<br>1.3. Solutions<br>1.4. Success | **6. Nachhaltigkeit-Parameter:**<br>6.1. Definition<br>6.2. Verification<br>6.3. Validation |
| **2. Chancen der Organisation erkennen:**<br>2.1. Environment Concept<br>2.2. Corporate Concept<br>2.3. Corporate Phylosophy | **4. Effektivität-Parameter:**<br>4.1. User needs<br>4.2. Ressouces<br>4.3. Execution |
| **3. Steuerungsbezugspunkte entwickeln:**<br>3.1. Customer Value<br>3.2. Process<br>3.3. Identity | **5. Effizienz-Parameter:**<br>5.1. Time<br>5.2. Cost<br>5.3. Quality |

**Darstellung 26: Corporate - SSSS Model (2/2 GESELLSCHAFTLICHE DIMENSION)**

PART IV – Corporate Management Model (SSSS) – "Unternehmen"

## A: SPHÄRE: ERFOLGSWERT SCHAFFEN

Den Begriff Erfolg bezeichne ich als das Erreichen selbst definierbarer Ziele durch die Ausschöpfung des eigenen Potentials. Das gilt sowohl für einzelne Menschen als auch für Organisationen. Bei Zielen kann es sich um eher sachliche bzw. materielle Ziele wie zum Beispiel Einkommen oder um emotionale bzw. immaterielle Ziele wie zum Beispiel Anerkennung handeln. Zur Umsetzung von Zielen in Ergebnisse bedarf es der Umsetzungskompetenz.

Allerdings wird Erfolg nach Martens et al. als das Erreichen selbst gesetzter Ziele definiert. Bei meiner Auffassung von Erfolg mit dem Success Value Management integriere ich die undefinierten Ziele im Management Cokpit und bezeichne Erfolg als das Erreichen selbst definierbarer Ziele. Denn einige Wissenschaftler weisen auch auf die Möglichkeit hin, etwas Erreichtes als Erfolg zu betrachten, selbst wenn man es niemals zum Ziel hatte. Von Werner Kirsch (aus der „Münchner Schule") stammt in dieser Hinsicht das Beispiel, dass er einen Nobelpreis als Erfolg ansehen würde, selbst wenn er diesen aus realistischen Gründen niemals in sein persönliches Zielsystem aufnehmen würde. Vor diesem Hintergrund wurde klar, dass Aussagen über Erfolg grundsätzlich vom Wertesystem des Beurteilenden abhängen. Erfolg wäre also ein Resultat eigenen Handelns, das auf Basis der eigenen Werte als positiv beurteilt wird.

Mit dem Success Value Management im SSSS Modell bedeutet den „Erfolgswert zu schaffen",

- den Wirtschaftskontext verstehen (1.1 bis 1.4 im Modell),

- Organisationsopportunität erkennen (2.1 bis 2.3 im Modell) und

- Steuerungsinstrumente entwickeln (3.1 bis 3.3 im Modell).

| Success Value Management | |
|---|---|
| A: Erfolgswert schaffen | B: Wirtschaftlich leben |
| **1. Bezugsrahmen des Wirtschaftskontextes verstehen:**<br>1.1. Systems<br>1.2. Strategy<br>1.3. Solutions<br>1.4. Success | **6. Nachhaltigkeit-Parameter:**<br>6.1. Definition<br>6.2. Verification<br>6.3. Validation |
| **2. Chancen der Organisation erkennen:**<br>2.1. Environment Concept<br>2.2. Corporate Concept<br>2.3. Corporate Phylosophy | **4. Effektivität-Parameter:**<br>4.1. User Benefit<br>4.2. Ressources<br>4.3. Execution |
| **3. Steuerungsbezugspunkte entwickeln:**<br>3.1. Customer Value<br>3.2. Process<br>3.3. Identity | **5. Effizienz-Parameter:**<br>5.1. Time<br>5.2. Cost<br>5.3. Quality |

**Darstellung 27: Sphäre A - Erfolgswert schaffen**

Einen Erfolgswert zu schaffen setzt voraus, dass der Mensch als Erziehungsprodukt betrachtet werden kann. „Der Mensch wird nicht geboren, sondern erzogen!...", so der Humanist Erasmus von Rotterdam, der in vielen seiner Bücher den Menschen Bildung vermitteln wollte: „... Nichts ist naturgemäßer als Tugend und Bildung – ohne sie hört der Mensch auf, Mensch zu sein".

Dabei surfen wir als Mensch stets zwischen persönlichen Bedürfnissen und den Interessen unserer Rollen; D.h. zwischen Person und Rolle. Die Soziale Rolle ist ein dem Theater entlehnter Begriff der Soziologie und Sozialpsychologie. Laut primärer Definition stellt die soziale Rolle die Gesamtheit des einem gegebenen Status (z. B. Mutter, Vorgesetzter, Priester etc.) zugeschriebenen „kulturellen Modellen" dar. Dazu gehören insbesondere vom sozialen System abhängige Erwartungen, Werte,

Handlungsmuster und Verhaltensweisen. Diesen Anforderungen muss sich ein sozialer Akteur entsprechend seiner Position stellen.

Der einzelne Mensch ist nicht auf eine Rolle festgelegt, sondern jeder hat viele, zum Teil sehr verschiedene Rollen zu spielen. Dabei kann es zu „Rollenkonflikten" kommen. Die unterschiedlichen „Rollenmuster" können in Widerstreit miteinander geraten. Die Herausforderung ist es, die verschiedenen Rollen in die je eigene Lebensführung zu integrieren und seine „Identität der Person" zu wahren. Jede Rolle ist verbunden mit

- Erwartungen, bestimmten Rollenmustern und Rollenerwartungen zu akzeptieren,
- einem bestimmten Maß an ethischer „Verpflichtung" und
- einem bestimmten Maß an Verhaltensregulierung.

Wo die „Theorien der Gesellschaft" von den „soziologischen Theorien" unterschieden werden (etwa im Marxismus oder in der Systemtheorie), wird „Rolle" entweder als gefährlicher Konkurrenzbegriff vehement zurückgewiesen, oder wird einfach übergangen. Eine systemtheoretische Auseinandersetzung mit dem Begriff der „Rolle" steht noch aus. Im philosophischen Sinn wird dem Menschen als Person eine gewisse Freiheit der Entscheidung und Verantwortlichkeit für sein Handeln zugeschrieben. Eine Person, im alltäglichen Sinn, bezeichnet einen bestimmten Menschen, dem soziologisch eine bestimmte Rolle (Frau, Vater), ein Amt (z. B. Richter), ein Beruf (z. B. Krankenschwester) oder eine Herkunft (z. B. Europäer) zukommt, und dem juristisch ein bestimmtes verfassungsrechtlich festgelegtes Subjektsein (mit Rechten und Pflichten) bestätigt wird. Dieser Personenbegriff ist also ein Sammelbegriff für die Erscheinung eines Menschen.

Diese Darstellung ermöglicht uns Defizite richtig zu verringern bzw. richtig damit umzugehen und Erfolge aus undefinierten Zielen aktiv mit dem Management zu systematisieren, wenn es darum geht, einen Erfolgswert im Sinne des Success Value Managements mit dem SSSS Modell für einen Wirtschaftskontext zu schaffen.

# 1. Wirtschaft : Wirtschaftskontext verstehen

Als Kern des SSSS Modells gilt es den Wirtschaftskontext zu verstehen. Als Wirtschaft oder Ökonomie wird die Gesamtheit aller Einrichtungen, wie Unternehmen, private und öffentliche Haushalte, und Handlungen des Wirtschaftens verstanden, die der planvollen Deckung des menschlichen Bedarfs dienen. Hierzu zählen insbesondere die Herstellung, der Verbrauch, der Umlauf und die Verteilung von Gütern. Wirtschaft wird oft in räumliche Beziehung gesetzt, so zum Beispiel in Welt-, Volks-, Stadt- und Betriebswirtschaft.

Es besteht eine Reihe von Wirtschaftssystemen, deren wesentliche Formen Marktwirtschaft und Zentralverwaltungswirtschaft darstellen. Die politische und rechtliche Form, die den Rahmen für die wirtschaftlichen Tätigkeiten innerhalb eines Wirtschaftsraumes vorgibt, wird als Wirtschaftsordnung bezeichnet. Welches Menschenbild liegt zugrunde? Das ist die Basis jedes politischen Systems.

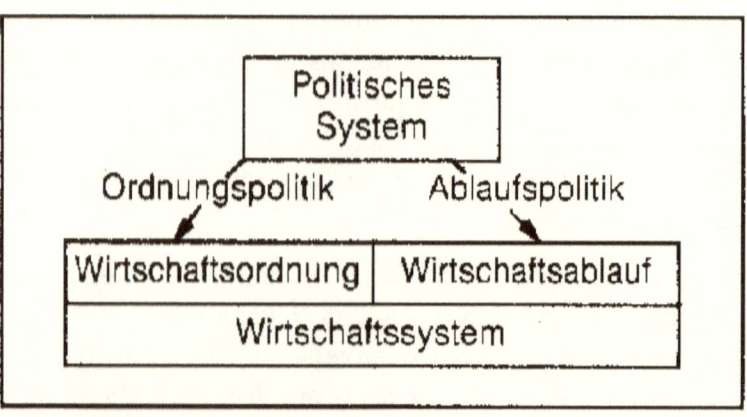

Darstellung 28: Zusammenhänge im Wirtschaftsraum

PART IV – *Corporate Management Model (SSSS)* – *"Unternehmen"*

Meine Beobachtung für ein gesundes Wirtschaftssystem hebt die **Produktivität** hervor und sieht so aus:

- Das Wachstum der Produktivität soll grösser sein als das Wachstum des Einkommens (damit die Konkurrenzfähigkeit erhalten bleibt),
- das Wachstum des Einkommens soll wiederum grösser sein als das Wachstum der Schulden (damit uns die Schulden nicht erdrücken).

Wer den Wirtschaftskontext verstehen will bzw. Organisations-Opportunitäten erkennen will, muss das politische System zumindest grob aktiv durchblicken. Der Mensch ist beliebig konditionierbar, denn er ist ein erfahrungsplastisches Wesen. Aus jedem Baby kann höchstwahrscheinlich ein Historiker, ein Verbrecher oder auch Wissenschaftler gemacht werden, wenn es konditioniert wird. Dies gilt auch für ein Unternehmen.

Also: Will ich einen Erfolgswert schaffen, habe ich meinen Wirtschaftskontext zu verstehen. Dabei sind folgende Elemente für die **Produktivität** im Zusammenspiel relevant: Systems, Strategy, Solutions, Success.

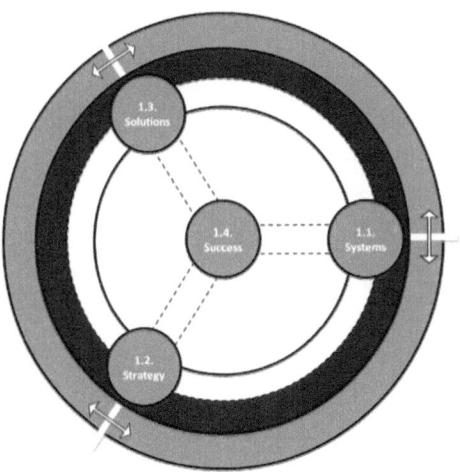

Darstellung 29: [1. Wirtschaft] Wirtschaftskontext verstehen

## PART IV – Corporate Management Model (SSSS) – "Unternehmen"

Hier zeige ich mal ein Beispiel für eine Unternehmensberatung im Bereich der Medizintechnik in Bezug auf den Punkt 1. des SSSS Modells (Wirtschaftskontext verstehen): Wie setze ich es für mein Unternehmen um?

**Systems**: Warum meine Firma? Weil mit der Leistung meines Unternehmens die Kunden ihre Geschäftsleistung verbessern. Wir sind für Sie da.

„Entfesseln Sie die Kraft und Flexibilität der neuen Geschäftswelt, wenn Sie sich für mein Unternehmen entscheiden! Ein Strategierahmen, jedes Projekt."

**Strategy**: Mein Unternehmen implementiert intelligentes Management mit Know-how (durch exzellente Ausbildung und Kompetenzen) für komplexe Lösungen.

‚Die Wahl für mein Unternehmen besteht darin, den perfekten Partner für Ihre Projekte weltweit zu finden und einfach ein intelligentes Management zu implementieren.'

**Solutions**: In der heutigen Welt, in der Projekte zu jeder Zeit und an jedem Ort eingehen, wird sich mein Unternehmen schnell anpassen, um Werte für jeden Erfolg zu schaffen!

Die Dienstleistungen? Mein Unternehmen ist Marker mit einer Leidenschaft für großartige Kunst, die einem praktischen Zweck dient.

**Success**: Alle Projekte von meinem Unternehmen werden mit Höchstleistung erstellt. Vielen Dank, dass Sie sich für mein Unternehmen entschieden haben und Kunde sind!

Wie sichere ich die Produktivität: Know How in bereichsübergreifenden Prozessen? Instrumente? Die Fokussierung liegt in den Schnittstellen der Unternehmensprozesse.

In den folgenden Kapiteln (1.1 - 1.4) stelle ich eine interaktive Aufzeichnung dar, die auf meine praktischen Erfahrungen bezogen sind. Damit soll die Voraussetzung für eine übertragbare Anwendung der aufgestellten These gewährleistet werden.

## 1.1. Systems

So habe ich die Systeme mit meinem Ideal erfasst.

Laut Marcel Proust besteht die wahre Entdeckungsreise nicht darin, neue Landschaften zu suchen, sondern mit anderen Augen zu sehen. Nur weil ich mich intensiv mit Systemen auseinander setzte, entschied ich mich im Jahr 2008 bewusst zur nebenberuflichen Selbstständigkeit. Ich stellte vorläufig meine These mit dem Ansatz des Success Value Managements auf. Damit konnte ich in Verknüpfung sowohl Unternehmensberatung in der Medizintechnik (bedingt durch meine berufliche Erfahrung), als auch im Sportmanagement (bedingt durch meine private Erfahrung) anbieten. Ich arbeitete daran diese Markt-Landschaften in Interaktionen mit dem Ansatz meiner vorläufigen These zu betrachten.

Ich sah einen Mehrwert in der Interaktion zwischen den beiden Systemen. Weder von möglichen Investoren noch von Freunden bekam ich einen Zuspruch. Ich sollte mich lieber spezialisieren, hieß es; Denn als ein Ein-Mann Unternehmen ist es nicht umsetzbar.

Ich hielt an meiner Idee fest und startete nebenberuflich im Jahr 2008 meine Selbstständigkeit mit der Gründung des Unternehmens Change4S in Oberried. Nach sechs Monaten reduzierte ich zuerst bei meinem Arbeitsgeber meine Arbeitszeit um 50% und drei Monate später kündigte ich meinen Job als Projektleiter. Ich dachte: Nichts ist stärker als eine Idee, deren Zeit gekommen ist. Somit hatte ich die Möglichkeit, mich voll meiner Selbstständigkeit zu widmen. Ich hatte immer noch keine Umsätze und auch keine investitionsorientierten Kennzahlen in Sicht, aber die Kunden und mein Modell waren in Aussicht.

In Bezug auf „Systems" im SSSS Modell ist folgendes zu verstehen: Die Gesamtheit aus

- Idee (Ergebniselement) und Produkt (Ergebniselement) sowie
- ihre Anwendungen (Funktion) und
- ihr Management (Wechselbeziehungen).

Das ist zu verinnerlichen, denn der daraus resultierende Output ist der Input für die Strategie. Achte dabei auf die Selbstüberschätzung (Overconfidence-Effekt). Denn Du kannst dazu verleitet werden, dort nicht zu zweifeln, wo Du zweifeln solltest. Selbstüberschätzung führt zu falschen Urteilen und riskanten Entscheidungen mit fatalen Fehlern, allerdings ist Selbstüberschätzung notwendig und nützlich.

Hast Du die Systeme mit Deinem Ideal erfasst?

------------------------------------------------------------

------------------------------------------------------------

------------------------------------------------------------

------------------------------------------------------------

------------------------------------------------------------

------------------------------------------------------------

------------------------------------------------------------

------------------------------------------------------------

------------------------------------------------------------

------------------------------------------------------------

------------------------------------------------------------

------------------------------------------------------------

------------------------------------------------------------

------------------------------------------------------------

## 1.2. Strategy

So habe ich meine Strategie definiert.

Die größte Schwierigkeit der Welt besteht nicht darin, Leute dazu zu bewegen, neue Ideen anzunehmen, sondern alte zu vergessen. Nur weil ich mich intensiv mit Strategien auseinandergesetzt hatte, habe ich angefangen mit Hilfe meiner Systemerfassung den Mehrwert der Interaktion beider Systeme (Medizintechnik und Sportmanagement) zu definieren.

Unter Strategie werden in der Wirtschaft klassisch die (meist langfristig) geplanten Verhaltensweisen der Unternehmen zur Erreichung ihrer Ziele verstanden. In diesem Sinne zeigt die Unternehmensstrategie in der Unternehmensführung, auf welche Art ein mittelfristiges (ca. 2–4 Jahre) oder langfristiges (ca. 4–8 Jahre) Unternehmensziel erreicht werden soll. Die Entwicklung einer Idee kann man ganz bewusst und systematisch angehen. Diese klassische Definition von Strategie wird heute vor allem auf Grund ihrer Annahme der Planbarkeit kritisiert. Sie hat deswegen einige Erweiterungen erfahren, wie z. B. durch Henry Mintzberg. Eine homogene Auffassung von Strategie herrscht in der wissenschaftlichen Literatur jedoch nicht vor. Ich beachtete auch dabei die Wucht der selbsterfüllenden Prophezeiung (Pygmalion-Effekt oder Rosenthal-Effekt), aber ich ging damit vorsichtig um. Da es nicht möglich ist, belastbare Aussagen über „richtiges" Management zu machen, klammern sich viele Manager an empirisch unbelegte Behauptungen - als nehmen sie gegen eine unbekannte Krankheit Kräutertabletten, die wahrscheinlich nicht schaden und vielleicht etwas nutzen.

Ich verfolgte weiter meinen Ansatz des Success Value Managements mit dem SSSS Modell und nutze die Daten aus meiner Systemerfassung auf meine Art und Weise:

A) Wie kann ich selbstständig als Unternehmensberater in der Medizintechnik arbeiten?

- Indem ich mit einer höheren Ausbildung sicher auftreten kann und deshalb entschied ich mich in diesem Gebiet zu promovieren.

*PART IV – Corporate Management Model (SSSS) – "Unternehmen"*

B) Wie kann ich selbstständig als Sportberater tätig werden?

- Indem ich die Prüfung zur Spielervermittler-Lizenz von der FIFA bei der zuständigen Football Fédération in Deutschland (DFB) bestehe.

C) Wie verknüpfe ich die beiden Systeme?

- Indem ich Sportler (meine Kunde) als Werbeträger in der Medizintechnik nutze.
- Indem ich meine höhere Ausbildung als Werbemittel im Sportmanagement nutze.

Hast Du Deine Strategie definiert?

## 1.3. Solutions

So habe ich meine Lösungen umgesetzt.

Löse keine Probleme, suche nach Chancen und der Anfang ist die Hälfte des Ganzen. Nur weil ich mich intensiv mit der Suche nach Chancen auseinandergesetzt habe, habe ich angefangen, die in der Strategie definierten Vorgaben mit Lösungen umzusetzen.

Ich verfolgte meine Linie weiter und nutzte die Daten aus meiner Strategie-Definition auf meine Art und Weise:

Zu A) Ich promovierte im Bereich Public Health und erhielt den akademischen Grad des Doktors.

Zu B) Ich bestand die FIFA Prüfung beim Deutschen Fußball Bund (DFB) und erhielt die Spielervermittlerlizenz.

Zu C) Die Vertretung der Sportler mit meiner höheren Ausbildung erlaubte mir, einfacher Vertrauen im Sportgeschäft aufzubauen. Ich erstellte für jeden Profi-Sportler als Kunde eine persönliche Homepage, die mit der Internetpräsenz von meinen Dienstleistungen in der Medizintechnik verknüpft wurden.

Dabei ist auf das Phänomen des Omission Bias („die Neigung zur Unterlassung") zu achten, denn entweder bist Du die Lösung oder das Problem. Solltest Du das Problem sein, ist hier erst mal Schluss mit dem Success Value Management. Der Omission Bias ist sehr schwer zu erkennen – Verzicht auf Handlung ist weniger sichtbar als Handlung. Dabei haben unsere Denkmuster Denkfehler beim Umgang mit komplexen Problemen:

- Probleme sind objektiv und müssen nur noch klar formuliert werden.
- Jedes Problem ist die direkte Konsequenz einer Ursache (Induktionsproblem).
- Ein Macher kann jede Problemlösung umsetzen.
- Um eine Situation zu verstehen, genügt eine Fotografie des Ist-Zustandes.
- Mit der Einführung einer Lösung ist das Problem erledigt.
- Verhalten ist prognostizierbar.
- Problemsituationen lassen sich beherrschen.

Mit der bewussten Beseitigung der erwähnten Denkmuster führte ich somit einen bewussten Entsorgungsprozess bei der Umsetzung meiner Lösungen durch.

Hast Du Deine Lösungen umgesetzt?

------------------------------------------------------------------------
------------------------------------------------------------------------
------------------------------------------------------------------------
------------------------------------------------------------------------
------------------------------------------------------------------------
------------------------------------------------------------------------
------------------------------------------------------------------------
------------------------------------------------------------------------
------------------------------------------------------------------------
------------------------------------------------------------------------
------------------------------------------------------------------------
------------------------------------------------------------------------
------------------------------------------------------------------------
------------------------------------------------------------------------
------------------------------------------------------------------------
------------------------------------------------------------------------

## 1.4. Success

So habe ich meinen Erfolg betrachtet.

Erfolg bezeichnet das Erreichen selbst definierbarer Ziele durch die Ausschöpfung des eigenen Potentials. Nur weil ich mich intensiv mit Erfolg und Werten beschäftigt habe, betrachte ich „Erfolgreich zu sein" wie folgt: Im Sinne des Success Value Managements im SSSS Modell heißt es, einen Erfolgswert zu schaffen und damit wirtschaftlich zu leben.

Bei der Festlegung des Erfolges verzichte ich auf einige Elemente und lege besonders Akzente auf bestimmte Elemente. Nach einer abstrakten Definition des Wertes im Wirtschaftsleben zu fragen, macht wenig Sinn. Vielmehr geht es darum, geeignete Bedingungen zu schaffen, damit sozial gerechte Werte entstehen können. In dieser Phase vernetzte ich

- die Erfassung des Systems mit meinem Ideal,

- die Definition meiner Strategie und

- die Umsetzung meiner Lösungen.

Danach ging es darum weitere Voraussetzungen zu realisieren, damit ich wirtschaftlich leben kann:

- Organisationsopportunität zu erkennen,

- Steuerungsbezugspunkte zu entwickeln und

- die Bewertungsinstrumente zu integrieren.

Da Erfolge größere Sichtbarkeit im Alltag erzeugen als Misserfolge, neigt man systematisch dazu, die Aussicht auf Erfolg zu überschätzen. Der Survivorship Bias ist damit ein Beispiel für eine statistische Stichprobenverzerrung. Wie auch bei Beispielen aus dem Fußballgeschäft ist dem Beobachter nicht klar, dass hinter einem erfolgreichen Fußballspieler oft Tausende Amateure stehen, die es nie geschafft haben, berühmt zu werden. Dies ist wohl mit ein Grund, warum viele Kinder und Jugendliche denken, es sei einfach, ein „Star" zu werden.

Wer nicht wagt, darf nicht hoffen. Success is never final and failure never fatal. Gut zu wissen, aber da Individuen nicht immer als Homo oeconomicus handeln, werden irreversible Kosten oft auch im Nachhinein (ex post) betrachtet – aus rationaler Sicht ungerechtfertigterweise. Somit können sie den (aus Sicht des Entscheidungsträgers) wirtschaftlich optimalen Entscheidungsprozess verfälschen. Es handelt sich um Sunk costs (deutsch: versunkene Kosten, oft auch als irreversible Kosten bezeichnet). Hätte ich in diesem Moment die entgangenen Gehälter irgendwie berücksichtigt, hätte ich aufgegeben und mir dann einen Job gesucht. Das tat ich nicht.

In dieser Phase betrachte ich meinen Erfolg nur mit der jetzigen und der zukünftigen Situation. Dabei ist es auch notwendig auf Twaddle tendency (Plappern Tendenz) zu achten, denn sag lieber nichts, wenn Du nichts zu sagen hast. Hier kann ich nur das Management empfehlen: Einfach, bildhaft, kurz und mit Wiederholungen kommunizieren. Du sollst versuchen, das aufs Management übertragbare Stage Migration (Will-Rogers-Phänomen) zu vermeiden, da es viele Möglichkeiten gibt, wie Du als Manager bessere Zahlen ausweist, ohne etwas dafür zu tun.

Erfolg geht meist nur über Umwege, es gibt selten direkte Wege zum Erfolg. Daher ist anzumerken, dass die meisten Businesspläne ihre Funktion begrenzt rechtfertigen, da sie fast ausschließlich den direkten Weg zum Erfog fordern. Was ist wirklich entscheidend für ein erfolgreiches Leben? Welche Rollen spielen dabei die Gene, das Umfeld und der eigene Wille? Das sind Fragen, die sich grundsätzlich nicht auf Papier beantworten lassen. Entscheidend für ein erfolgreiches Leben können drei Faktoren sein: Misserfolge, Umwege und die unbedingte Begeisterung für das, was man tut. Dass Erfolg aber auch Schattenseiten haben kann, soll man schon selbst erfahren.

Mit der zusammenfassenden rationellen Betrachtung des Erfolges sollen nötige Emotionen geschaffen worden sein, die für die Erkennung der Organisationsopportunität notwendig sind.

*PART IV – Corporate Management Model (SSSS) – "Unternehmen"*

Hast Du Deinen Erfolg im Sinne des Success Value Management betrachtet?

------------------------------------------------------------------------
------------------------------------------------------------------------
------------------------------------------------------------------------
------------------------------------------------------------------------
------------------------------------------------------------------------
------------------------------------------------------------------------
------------------------------------------------------------------------
------------------------------------------------------------------------
------------------------------------------------------------------------
------------------------------------------------------------------------
------------------------------------------------------------------------
------------------------------------------------------------------------
------------------------------------------------------------------------
------------------------------------------------------------------------
------------------------------------------------------------------------
------------------------------------------------------------------------
------------------------------------------------------------------------

## 2. ORGANISATION : ORGANISATIONS-OPPORTUNITÄT ERKENNEN

Nachdem der Wirtschaftskontext (Punkt 1. im SSS Modell) verstanden worden ist, ist die Grundlage somit geschaffen, die nötigen Emotionen zu haben, um die Organisation zu entwickeln. Denn die Elemente 2.1, 2.2 und 2.3 im SSSS Modell benötigen Emotionen, um entwickelt zu werden. Es geht darum, die Organisationsopportunität zu erkennen. Diese Phase ist mit der **System-** (Corporate Philosophy, Corporate Concept) / **Umwelt-Differenz** (Environment Concept) aufgebaut.

Die Systemtheorie ist ein interdisziplinäres Erkenntnismodell, in dem Systeme zur Beschreibung und Erklärung unterschiedlich komplexer Phänomene herangezogen werden. Die Analyse von Strukturen und Funktionen soll häufig Vorhersagen über das Systemverhalten erlauben. Die Systemtheorie ist somit bisher keine eigenständige Disziplin, sondern ein weitverzweigter und heterogener Rahmen für einen interdisziplinären Diskurs, der den Begriff System als Grundkonzept führt. Es gibt auch folglich nicht „eine" Systemtheorie, sondern eher eine Vielzahl unterschiedlicher, zum Teil widersprüchlicher und konkurrierender Systemdefinitionen und -Begriffe. Es hat sich heute jedoch eine relativ stabile Reihe an Begriffen und Theoremen herausgebildet, auf die sich der systemtheoretische Diskurs bezieht.

Ein System ist begrenzt und abgrenzbar (System/Umwelt-Differenz). Es besteht aus einer Systemgrenze („Boundary"), einem Systemkern, den Systemelementen, dem Zusammenwirken dieser Elemente sowie aus Energie oder Signalen. Wird etwas über die Systemgrenzen hinweg transportiert ist dieses System ein offenes, sonst ein geschlossenes System. Alles außerhalb der Systemgrenze liegende ist nicht Teil des Systems, sondern dessen Umwelt.

*PART IV – Corporate Management Model (SSSS) – "Unternehmen"*

Entscheidend dabei ist die Gestaltung der Filterfunktionen zur Verbesserung der Entscheidungsqualität. In komplexen Systemen sind Entscheidungen immer mit Risiken behaftet. Man fliegt, wie Luhmann dies einmal sagte, bei geschlossener Wolkendecke und muss sich auf seine Instrumente verlassen. Entscheidungen sind deshalb nicht mehr als richtig oder falsch zu werten, sondern als günstig oder weniger günstig, wobei sich dies dann nach dem evolutionären Erfolg einer Entscheidung richtet. Das heißt auch, dass Entscheidungen ihre Bedingungen rekonstruieren, ihre Begründung aber erst in der Zukunft erfahren. Im Management werden solche Entscheidungsunsicherheiten z. B. durch Controlling, durch fortlaufenden Abgleich laufender Prozesse, durch Erfahrung und Wissen absorbiert.

In technischen Systemen erfolgt Komplexitätsreduktion durch verschiedene Arten von Filtern. Ein Beispiel ist die digitale Verarbeitung analoger Signale: Die größte im analogen Signal vorkommende Frequenz muss unterhalb der Hälfte der Abtastfrequenz liegen. Deswegen muss die Komplexität des analogen Signals mit einem Antialiasing-Filter im Frequenzbereich entsprechend reduziert werden, damit es im aufnehmenden Verarbeitungssystem nicht zu Fehlinformationen kommt.

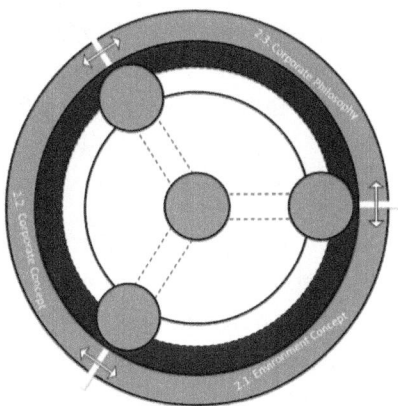

**Darstellung 30: [2. Organisation] Organisationsopportunität erkennen**

Das Umweltkonzept und das Unternehmenskonzept sind die Filter der Unternehmensphilosophie!

## 2.1. Environment concept

Das Environment Concept ist eine Notwendigkeit, um sich selbst als System zu verstehen. Da für das Success Value Management im SSSS Modell mit der Systemtheorie argumentiert wird, ist festzuhalten,

- dass mit Umwelt nicht nur ökologisches gemeint ist und
- dass System und Umwelt Komplementärbegriffe sind, die nicht zu trennen sind.

Auch die Umwelt (Sinnsysteme) ist in Form von Sinn gegeben, und die Grenzen zur Umwelt sind Sinngrenzen, verweisen also zugleich nach innen und nach außen.

Daher ist es unerlässlich für eine Organisation, ein Konzept zu haben. Nur so ist es für eine Organisation möglich, sich als System zu verstehen. Es ist immer notwendig darauf hinzuweisen, dass der primäre Gegenstand der Systemtheorie nicht ein Gegenstand (oder eine Gegenstandsart) als „System" ist, sondern die Differenzierung von System und Umwelt.

Die Organisations- bzw. Systemgrenzen sind zu identifizieren und zu pflegen. Ein System in diesem Sinn lässt sich durch die Definition zweckmäßiger Systemgrenzen von seiner Umwelt (den übrigen Systemen) weitgehend abgrenzen, um es modellhaft isoliert zu beobachten und das Geschehen reflektieren zu können. Diese (vorübergehende) Einschränkung ist zweckmäßig, weil das menschliche Bewusstsein in seiner Gabe, systemischer Abläufe aufzufassen, begrenzt ist.

Strukturelle Kopplung zur Komplexitätsreduktion ist zu steuern. Der Soziologe Niklas Luhmann unterschied Operation und strukturelle Kopplung. Operationen sind systeminterne Vorgänge, die autopoietisch ablaufen und außerhalb des Systems nicht beobachtbar sind, während sich Systeme über strukturelle Kopplungen nach außen vermitteln.

Die Funktionssysteme werden durch Irritationen aus der Umwelt angeregt, Operationen und Beobachtungen durchzuführen, die auf die Verarbeitung dieser Irritationen abzielen. Ein System kann jedoch nur von wahrgenommenen Vorgängen aus der Umwelt irritiert werden. Durch die strukturelle Kopplung wird die wechselseitige Irritation von gesellschaftlichen Funktionssystemen in eine Ordnung gebracht. Dabei ist zu beachten, dass die strukturelle Kopplung durch ein System nicht zerstört wird. Es verarbeitet lediglich die Umwelteinwirkungen und legt damit seine Grenze zur Umwelt neu fest. Die strukturelle Kopplung ist mit einem Umweltkonzept zu steuern, um damit die Komplexität in der Organisation zu reduzieren.

## 2.2. Corporate concept

Ein Unternehmenskonzept ist einerseits ein Werkzeug, um Ziele und Strategien des Vorhabens für die Verfasser selbst zu formulieren. Anderseits verhilft es zu einer systematischen Vorgehensweise und durch die schriftliche Fixierung müssen konkrete Entscheidungen getroffen werden. Das Unternehmenskonzept ist wiederum kein starres Dokument, sondern entwickelt sich weiter. Denn „Great company are internaly driven, externaly aware."

Ein Unternehmenskonzept ist eine schriftliche Zusammenfassung eines unternehmerischen Vorhabens. Basierend auf der Unternehmensphilosophie werden im Unternehmenskonzept die Strategie und die Ziele dargestellt, die mit der Produktion, dem Vertrieb und der Finanzierung eines Produktes oder einer Dienstleistung verbunden sind. Zudem muss es alle betriebswirtschaftlichen und finanziellen Aspekte eines Vorhabens beleuchten. Ein Unternehmenskonzept zu erstellen und es als Arbeitsinstrument dann jederzeit zur Hand zu haben, hat zahlreiche Vorteile.

Das Unternehmenskonzept hilft andere vom geplanten Vorhaben zu überzeugen; Es ist eine zwingende Voraussetzung zur Kapitalbeschaffung; Es gibt die Möglichkeit zur Erfolgskontrolle; Es zwingt zu systematischen Vorgehensweise; Es gibt einen Gesamtüberblick; Es erhöht die Erfolgsaussichten; Es hilft Risiken besser abschätzen zu können; Es hilft Abhängigkeiten aufzuzeigen.

Nicht nur bei Unternehmensgründungen wird ein Leitfaden benötigt. Immer dann, wenn eine Geschäftsidee konkret in ein Gründungsvorhaben (ASAI Modell) umgesetzt werden soll, wird ein Unternehmenskonzept benötigt. Dabei ist es egal, wie umfangreich das Gründungsvorhaben ist. Wenn jemand ein Blumengeschäft eröffnet, benötigt die Person genauso ein Unternehmens-(teil-)Konzept wie, wenn ein neues innovatives Produktionsverfahren entwickelt wurde. Die Fragen sind die Gleichen. Nur der Umfang des Plans wird abweichen. Doch Unternehmensgründungen sind, entgegen weit verbreiteter Meinung, inzwischen längst nicht mehr der einzige Anwendungsbereich für Unternehmenskonzepte. Gerade in großen Konzernen ist es inzwischen üblich, bei Produkteinführungen, Expansionen oder Firmenkäufen mit dem Werkzeug „Unternehmens-(teil-)Konzept" zu arbeiten.

Das Umdenken dabei besteht darin, den Wettbewerbsvorteil zu maximieren, anstatt den Gewinn zu maximieren. Das große Missverständnis in der Praxis besteht darin, dass das Unternehmens-Konzept nicht zielgerichtet für die Unternehmensphilosophie, sondern für die Ziele der Aktionäre ausgearbeitet wird. Das Unternehmenskonzept ist der „Blue-Print" für die Zukunft des Unternehmens und hat nicht das Ziel den Gewinn zu maximieren, sondern den Wettbewerbsvorteil zu maximieren und die Elemente, die für das Schaffen des Erfolgswertes beitragen, zu systematisieren.

## 2.3. Corporate philosophy

Die Seele des Unternehmens ist die Unternehmensphilosophie und diese besteht aus den

- explizit in Führungsgrundsätzen dokumentierten, oder
- implizit verfolgten

Einstellungen eines Eigentümers oder der Manager eines Betriebes gegenüber der Gesellschaft, Wirtschaft und gegenüber dem Individuum (Mitarbeiter, Kunden, Lieferanten, Dritte). Denn Unternehmen existieren, um einen Beitrag zur Gesellschaft zu leisten. Die Unternehmensphilosophie umfasst damit die drei Komponenten:

- Gesellschaftsbild (Bezug des Unternehmens zur Gesellschaft und Politik),
- Leitbild (Bezug des Unternehmens zum Wettbewerb, d. h. den anderen Unternehmen) und
- Menschenbild (Führungsphilosophie).

Diese Philosophie beeinflusst daher maßgeblich die soziale Verantwortung des Betriebes, die Strategien und die Ziele des Unternehmens, sowie den Führungsstil und die Führungsgrundsätze im Betrieb. Eine stimmige Unternehmensphilosophie ist deswegen kein Luxus, den man sich leistet oder auch nicht, sondern eine Ressource, die bisher leider weitgehend unerschlossen ist. Eine stimmige Unternehmensphilosophie bildet die Basis für die gelebte Unternehmenskultur, indem sie für das Unternehmen Antworten auf zentrale Fragen gibt, wie z.B.: Woher komme ich? Wer bin ich? Wohin gehe ich? Wozu bin ich da? Wie gehe ich mit meinen internen und externen Partnern um?

Mit der Beantwortung der zentralen Fragen „produziert" eine stimmige Unternehmensphilosophie im Success Value Management drei wichtige immaterielle Güter: **Identität, Orientierung und Sinn**. Die Unternehmensphilosophie kann also nicht durch einige zeitlich beschränkte Projekte und Maßnahmen umgesetzt werden. Nach der einmal erfolgten Formulierung ist also die Umsetzung der Unternehmensphilosophie (durch das Unternehmenskonzept und das Umweltkonzept) ein kontinuierlicher Prozess. Die Umsetzung geschieht vielmehr, indem die Unternehmensphilosophie in allen zukünftigen Entscheidungen und Handlungen als Richtschnur und Rahmenbedingung betrachtet wird.

Das Unternehmenskonzept und das Umweltkonzept bauen lediglich auf die Unternehmensphilosophie auf, wodurch eine Schleife zwischen diesen drei Elementen gebildet wird.

## 3. STEUERUNG : STEUERUNGSBEZUGSPUNKTE ENTWICKELN

Das Problem: Wir sind logisch-linear erzogen, nicht systemisch vernetzt. Systeme haben immer Komplexität in sich. Komplexität bezeichnet allgemein die Eigenschaft eines Systems oder Modells, dessen Gesamtverhalten nicht beschrieben werden kann, selbst wenn man vollständige Informationen über seine Einzelkomponenten und ihre Wechselwirkungen besitzt. Die Komplexität eines Sachverhaltes wird widergespiegelt durch die Menge der Details, die sich von allen anderen Details des Sachverhalts so unterscheiden, dass es keine vereinfachte Abstraktion gibt, die den Detaillierungsgrad verkleinert. Komplexität wird auch geschaffen durch sich widersprechende Zielsetzungen, Dilemmata und nicht determinierbares Verhalten autonomer Systemeinheiten. Ein System zu steuern involviert Kontrolle und somit das Phänomen der Kontrollillusion.

Die Kontrollillusion ist die menschliche Tendenz, zu glauben, gewisse Vorgänge kontrollieren zu können, die nachweislich aber nicht beeinflussbar sind. Ellen Langer zeigte, dass Menschen oft so handeln, als ob Zufallsereignisse manipulierbar wären. Gehirne haben sich im Laufe der Evolution so entwickelt, dass sie den Sinn in der Welt entdecken möchten, indem sie ständig nach Kausalitäten fahnden, d.h., Menschen neigen von Natur aus dazu, alles so zu interpretieren, als sei es vorherbestimmt und alle Dinge müssen stets aus einem Grund passieren. Daraus entsteht der Aberglaube, der Hang zum Übernatürlichen und der Glaube an übernatürliche Phänomene. Kinder betrachten die Welt, als existiere eine ordnende Kraft, als sei alles in der Natur für einen Zweck erschaffen worden. Erst wenn sie älter werden, lernen sie, diese Sicht rational und aus pragmatischer Sicht zu unterdrücken, aber diese Neigung zum Aberglauben verschwindet nicht, sondern ist bei manchen Menschen nur stärker und bei manchen eben schwächer ausgeprägt. In Zeiten der

Unsicherheit und Krisen glauben Menschen eher an übernatürliche Heilversprechen, denn dann sehnen sich Menschen nach Struktur in ihrem Leben. Doch auch wenn man unter Stress steht, sucht man nach Ordnung, etwa indem man Rituale des Aberglaubens ausführt oder an übernatürliche Dinge glaubt. Letztlich geht es darum, ein Gefühl der Kontrolle über das Leben oder über die Situationen, die sich an für sich nicht beeinflussen lassen, zu entwickeln. Psychologisch betrachtet handelt es sich beim Aberglauben um eine Kontrollillusion.

Ein gutes Beispiel für eine Kontrollillusion findet sich etwa bei Teilnehmern an Lotterien, bei der das Ergebnis, ob man gewinnt oder nicht, rein objektiv betrachtet purer Zufall ist. Dennoch schätzen Menschen, die ihre Lotterielose etwa mit einer Glücksnummer selbst auswählen können, ihre Gewinnchancen höher ein als solche, die Lose per Zufall zugewiesen erhalten, als könnten sie das zufällige Ergebnis durch die Auswahl des Loses in irgendeiner Form beeinflussen. Zu Kontrollillusion gehören auch heilige Werte, also Überzeugungen, die alle Mitglieder einer Gruppe teilen, die Bestand haben und für Kontinuität sorgen, wobei es sehr vorteilhaft ist, wenn solche Überzeugungen möglichst nicht direkt überprüfbar sind. Je stärker die Mitglieder einer Gruppe an gemeinsame heilige Werte glauben, desto stabiler ist der Zusammenhalt dieser Gruppe, sodass Kontrollillusion auch eine soziale Komponente hat. Viele Süchtige unterliegen daher einer Kontrollillusion, wenn sie glauben, ihre Sucht noch im Griff zu haben, aber bereits von der Droge abhängig sind. Bei der Spielsucht hat manchmal die Anzahl der Spiele Einfluss auf das Ergebnis, denn je höher das Gefahrenpotential ist, desto stärker wirkt sich die Kontrollillusion aus. Auch bei der Börsenspekulation findet man immer wieder solche psychologischen Mechanismen, bei denen die Beteiligten in der Illusion leben, zukünftige Entwicklungen steuern zu können.

Überoptimismus und Selbstüberschätzung scheinen von der Illusion der Kontrolle und der Illusion des Wissens zu stammen. Die Illusion des Wissens ist die Tendenz von Menschen zu glauben, dass sich die Genauigkeit ihrer Prognosen mit mehr Informationen erhöht.

Taylor und Brown argumentieren, dass positive Illusionen nützlich sind, indem sie Motivation und Ausdauer erhöhen. Albert Bandura stützt diese Position mit seiner Ansicht, dass „optimistische Selbsteinschätzungen, die nicht unangemessen von dem abweichen, was möglich ist, Vorteile bringen können, während wahrheitsgetreue Beurteilungen selbstbegrenzend wirken können".

Fenton-O'Creevy et al. argumentieren ebenso wie Gollwitzer und Kinney, dass Kontrollillusionen zwar die Strebsamkeit erhöhen, aber nicht zu fehlerfreien Entscheidungen beitragen. Damit die Illusionskontrolle während einer Aktivität aufrechterhalten werden kann, ist eine selektive Wahrnehmung der illussionsunterstützenden Momente erforderlich. Im Sinne des Success Value Managements entwickle ich Steuerungsbezugspunkte, die auf ‚Customer Value', ‚Process' und ‚Identity' basieren, um die Chancen der Organisations-Opportunität (Punkt 2. im SSS Modell) zweckmäßig zu nutzen.

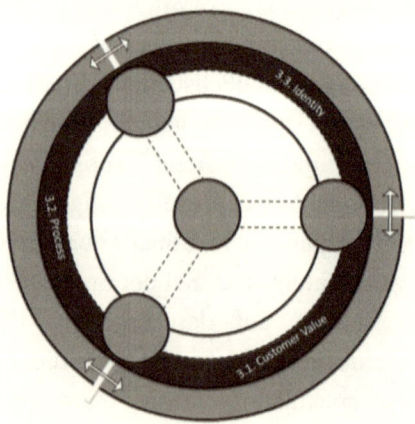

Darstellung 31: [3. Steuerung] Steuerungsbezugspunkte entwickeln

**Also bezogen auf das Success Value Management im SSSS Modell betrachte ich ‚Customer' (Ertagsherkunft), ‚Process' (Kostenherkunft) und ‚Identity' (Mittelherkunft) als Kontrollinstrumente für die Mittelverwendung,** um das erfasste System zu steuern. Die Steuerungsbezugspunkte können im Zusammenhang mit dem Jahresabschluss eines Unternehmens wie folgt dargestellt werden:

*PART IV – Corporate Management Model (SSSS) – "Unternehmen"*

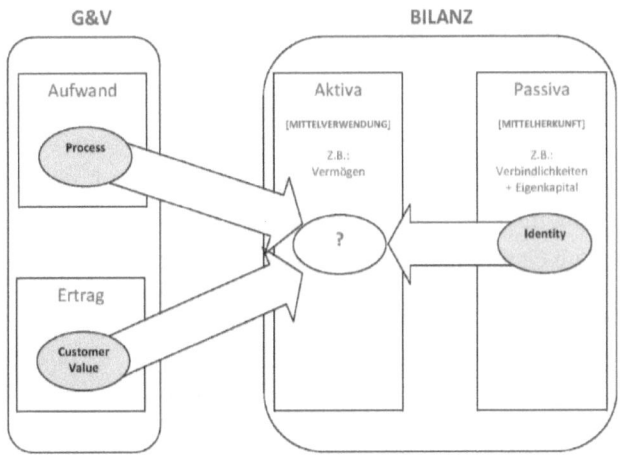

Darstellung 32: Steuerungsbezugspunkte in G&V und Bilanz

Der wichtige Verknüpfungspunkt für die Steuerung eines Unternehmens stellt die Aktiva in einer Bilanz dar.

**In Deutschland** zum Beispiel wird ein Unternehmen bei Vermögenslosigkeit in den Aktiva von Amts wegen gelöscht. Die Löschung durch das Registergericht wegen Vermögenslosigkeit führt zu einer sofortigen liquidationslosen Beendigung der Gesellschaft. Nach dem Gesetz kann das Gericht in diesen Fällen eine Löschung von Amts wegen vornehmen, § 141a FGG i.V.m. § 60 Abs. 1 Nr. 7 GmbHG. Ein eigenes Antragsrecht für die Gesellschafter besteht also nicht. Allerdings können sie die Durchführung des Amtslöschungs-Verfahrens beim Gericht anregen. **In der Schweiz** wird ein Konkursverfahren mangels Aktiven eingestellt, wenn die Aktiva der Unternehmensbilanz wertlos ist. Im Zusammenhang mit Konkursverfahren meldet das Gericht oder die Behörde dem Handelsregisteramt nach Handelsregisterverordnung (HRegV) Art. 158d die Einstellung des Konkursverfahren mangels Aktiven.

D.h. ein Unternehmen kann nur gesteuert werden, wenn die Aktiva in der Bilanz nicht wertlos ist, daher stellt sie die Verknüpfung der Steuerungsbezugspunkte (Customer Value, Process, Identity) eines Unternehmens dar.

## 3.1. Customer [Ertrag]

Der Ertrag des Unternehmens wird mit Customer (Kunde) referenziert. Also sehr zufriedene Kunden steigern den Umsatz um ein Vielfaches. Zuverlässige Daten und Zahlen über Kunden sind unerlässlich als Steuerungselement jeder Firma. Eine entsprechende Lösung sollte genau auf das jeweilige Geschäftsfeld zugeschnitten sein.

Kundenbedürfnisse sind als Basis für erfolgreiche Kundengewinnung und langfristige Kundenbindung zu betrachten. Die Kundenbedürfnisse spiegeln die Erwartungen des Kunden an ein Produkt bzw. eine Dienstleistung hinsichtlich Qualität, Zeit und Preis wider. Kundenbedürfnisse unterteilen sich grob in drei Arten:

- Aktuelle Bedürfnisse (existieren heute und sind den Betroffenen bekannt),
- zukünftige Bedürfnisse (existieren heute noch nicht, werden aber mit großer Wahrscheinlichkeit in Zukunft auftreten),
- latente Bedürfnisse als nicht artikulierte Kundenbedürfnisse (existieren heute schon, sind aber als solche noch nicht bekannt).

Letzteres bietet ein großes Potential und dafür werden Früherkennungssysteme benötigt. Die Fähigkeit, schneller zu lernen als die Konkurrenz, ist vielleicht der einzig wirkliche Wettbewerbsvorteil. Denke im Sinne des Kunden, erkenne seine Bedürfnisse, und biete schnell Lösungen an. Das Unternehmen ist auf den Kunden auszurichten. Dies ist die Grundlage für dauerhafte Kundenzufriedenheit und Ertragsgenerierung. Grundbedürfnisse (z.B. Gebrauchsnutzen) dürfen eine sehr hohe Priorität besitzen. Ob nun aber psychische Bedürfnisse oder soziale Bedürfnisse eine höhere Priorität haben, dürfte von Kunde zu Kunde unterschiedlich sein.

Um Entwicklungen rechtzeitig erkennen zu können, empfiehlt es sich als Früherkennungssystem, eine gezielte Markt- und Wettbewerbs-Beobachtung vorzunehmen, und zwar in Bezug auf:

- die Bedürfnisse Deiner aktuellen und potentiellen Kunden,
- die Marktentwicklung,
- die Aufstellung Deiner aktuellen und potentiellen Mitbewerber,
- sich verändernde Bedingungen in der Gesetzgebung,
- sich ändernde Ansprüche in der Gesellschaft.

Die Wertschöpfungskette des Kunden wird derjenigen des Anbieters gegenübergestellt, um die jeweiligen Werte auf Kunden- und Unternehmensseite in Beziehung setzen zu können. Die entsprechende These lautet: Je besser es einem Unternehmen im Laufe einer Kunden-Unternehmensbeziehung gelingt, diese Wertelemente von Kunden und Unternehmen immer wieder in Einklang zu bringen und somit die Consciousness-, Perception-, Interaction- und Satisfaction-Gaps zu minimieren, desto mehr Customer Value kann ein Unternehmen aus Kundensicht schaffen. Je effektiver und effizienter einem Unternehmen dies gelingt, desto grösser ist der direkte Zusammenhang zwischen dem geschaffenen Customer Value und dem Unternehmenserfolg.

Eine Steigerung des Ertrags und somit des Customer Value ist demnach sehr eng mit dem Unternehmenserfolg verknüpft. Damit soll ein Konzept eines Unternehmens in der Lage sein, sowohl dynamische Aspekte der Veränderung des Customer Values als auch Zusammenhänge zwischen Kundenwert (=Customer Equity) und Customer Value abzubilden. Kundenvorteile schaffen Unternehmensvorteile und Customer-Value ersetzt nicht die Ausrichtung am Mehrwert für Aktionäre. Allerdings ist der langfristige Mehrwert eines Unternehmens durch die Vorteile, die es für attraktive Kunden bietet, geprägt. Der Kunde entscheidet somit langfristig über den Erfolg eines Unternehmens. Die Erfolgskette sieht wie folgt aus:

1 - Customer-Value Created
2 - Customer-Cashflow
3 - Customer-Equity
4 - Customer-Portfolio-Value
5 - Shareholder-Value.

Shareholder ist also die Folge von Customer-Value und treibt den Erfolg von Unternehmen. Diese Reihenfolge lässt sich auch damit begründen, dass sich bewährte Erfolgsstrategien für Wachstum und Erträge heute immer mehr erschöpfen und neue Lösungen gefragt sind.

Customer-Value ist im Sinne des Success Value Managements im SSSS Modell als Steuerungselement ständig zu entwickeln: Die richtigen Dinge richtig tun ist hier von Bedeutung. Um sich als Unternehmen erfolgreich auf dem Markt zu behaupten, rückt hierbei eine Frage immer stärker in den Mittelpunkt: Wie und durch was schafft unser Unternehmen mit unseren Kompetenzen Wert bei den Kunden? Diese Frage soll ein Unternehmen ständig beantworten können und leben. Denn „In the surplus society the customer is more than a king: the customer is the mother of all dictators".

Die „richtigen Dinge" nachhaltig mit dem Customer Service im Hinblick auf eigene Kompetenzen effizient steuern.

## 3.2. Process [Aufwand]

Die Aufwände des Unternehmens referenziere ich mit Prozessen. Also mit Prozessen verbinde ich Aufwand. Dabei geht es zum einen darum, den Nutzen eines Prozesses zu maximieren und zum anderen den Aufwand eines Prozesses sinnvoll zu begrenzen. Jede Aktivität für den Erfolg lässt sich in Prozesse determinieren. Denn „Wir leben in einer Zeit vollkommener Mittel und verworrener Ziele".

Zunächst beschreibt der Kontingenzansatz der Organisationstheorie, dass in dynamischen Umwelten eher eine Prozessorganisation entsteht. Deswegen geht sie davon aus, dass diese dann effizienter ist. Etwas genauer setzt sich die Transaktionskostenökonomie mit dem Gedanken auseinander. Hier wird im Kern ein Entwicklungspfad zur

Prozessorganisation beschrieben, wenn die Umweltbedingungen dynamischer werden. Die Transaktionskosten steigen in diesem Fall bei einer spezialisierten Arbeitsteilung stark an. Zusätzliche Faktoren für die Höhe der Transaktionskosten sind die Spezifität, die Häufigkeit und die strategische Bedeutung. Bei recht undynamischen Umwelten sollte auf jeden Fall an den tayloristischen Prinzipien festgehalten werden, da deren Vorteile die Nachteile in der Schnittstellenproblematik überkompensieren. Festzuhalten ist, dass beide Theorien nur Tendenzen vorgeben können. Eine genaue Beschreibung (z. B. die Skalierung) ab wann welche Organisationsform sinnvoller ist, kann nicht abgeleitet werden. Zusätzlich ist ein großer Forschungsrückstand in Bezug auf die Aufbau- und die Ablauforganisation festzustellen. In der Regel wird beides losgelöst voneinander betrachtet, obwohl beides zusammengehört.

Die Prozessgestaltung und die ständige Optimierung der Prozessabläufe führen zu einem hohen Koordinationsaufwand, insbesondere bei den Prozessschritten, die mehreren wertschöpfenden Prozessen zugeordnet werden müssen. Diesen Aufwand gilt es zu optimieren. Die Vorteile einer Prozessorganisation liegen in der hohen Transparenz (klare Strukturierung) und der klar definierten Verantwortung, wodurch sich Fehlerquellen auf ein Minimum reduzieren lassen und somit die Durchlaufzeiten der Prozesse verkürzen.

Der Begriff Prozessorganisation wurde von Michael Gaitanides geprägt, der auf der Basis des Reengineeringkonzeptes den traditionellen Terminus der Ablauforganisation ersetzte. Die Prozessorganisation umfasst die dauerhafte Strukturierung von Arbeitsprozessen unter der Zielsetzung, das geforderte Prozess-Ergebnis möglichst effizient zu erstellen.

## 3.3. Identity [Passiva]

Das Kapital des Unternehmens wird mit Identity (Identität) referenziert. Corporate Identity kennzeichnet die Persönlichkeit eines Unternehmens mit einem von innen nach außen heraustretendem Selbstverständnis, basierend auf einem Handlungskonzept für ein sichtbar gelebtes Wertesystem oder den Aufbau einer ausgeprägten Unternehmenskultur.

Darüber hinaus steht Identity (von engl. ‚Identity' für Identität) im Sinne des Success Value Managements im SSSS Modell hauptsächlich für die Mittelherkunft des Unternehmens und stellt die Summe des einem Unternehmen zur Verfügung gestellten Kapitals dar. Ich betrachte es wie das Passiva des Unternehmens, das auf der rechten Seite einer Bilanz zu finden ist. Diese wird durch Menschen mit Bezug auf das Unternehmen, nach dem Motto „Vertrauen ist Mut, und Treue ist Kraft", generiert und stellt ein wichtiges Steuerungselement dar.

In der heutigen Wirtschaft gibt es eine ständige Verknüpfung mit Internationalisierung und Globalisierung.

Der Begriff Internationalisierung bezeichnet in Konkurrenz zum Begriff Globalisierung die fortschreitende Vernetzung internationaler Wirtschaftsprozesse. „Internationalisierung" ist insofern genauer, da ein Großteil des Globalisierungs-/Internationalisierungsprozesses nicht global (d.h. weltweit) sondern international (d.h. v.a. zwischen den industrialisierten Nationen) abläuft.

Die Frage in der ökonomischen Interpretation, warum sich Individuen und Gruppen von Individuen zu Unternehmen zusammenschließen und dadurch Transaktionen außerhalb des Marktes durchführen, ist eine der Grundfragen der Industrieökonomik.

Neben Effizienzgründen (Technologische Gründe, Unternehmen als langfristige Beziehung, Unternehmen als Institution zum optimalen Umgang mit unvollständigen Verträgen) kann die Existenz von Unternehmen auch mit Rentenabschöpfung erklärt werden.

Die interkulturelle Kompetenz gilt als Erfolgsfaktor. Grundlegend: Die "Internationalisierung" (heißt die geographische Dezentralisierung der Unternehmenstätigkeit auf internationalen Märkten) gewinnt immer mehr an Bedeutung. Übliche Motive für Internationalisierung sind die Sicherung des Absatzes durch größere Marktnähe, die Senkung der Lohn- und Lohnnebenkosten, Umgehen von Importrestriktionen, Realisierung von Transportkostenvorteilen, Investitionsfördermaßnahmen durch die ausländischen Staaten sowie Unabhängigkeit von der Entwicklung der Devisenkurse. In welcher konkreten Form Internationalisierung erfolgt, ist abhängig von der Situation der jeweiligen Organisationskonzepte „Corporate und Environment Concept". Die sechs zu unterscheidenden Stufen der Internationalisierung in Abhängigkeit von Kapital- und Management-Leistungen sind Export, Lizenzvergabe, Franchising, Joint Venture, Auslandsniederlassung und Tochterunternehmen.

**Die Empfehlung im Success Value Management:**

Internationalisierung ist eine Art Komplexitätsreduktion für den nachhaltigen Erfolg. Komplexitätsreduktion ist eine Selektion der tatsächlich in der Umwelt auftretenden und wahrnehmbaren Informationen. Daher empfehle ich: Sich mit anderen Arbeitskulturen auseinanderzusetzen und besonders mit der Entscheidungsfindung und Kommunikation. Um nachhaltig erfolgreich zu sein, ist es auf Dauer nicht entscheidend was man macht, sondern wer man ist.

## B. SPHÄRE: WIRTSCHAFTLICH LEBEN

Nachdem der Erfolgswert geschaffen ist (A. Sphäre), geht es darum, damit wirtschaftlich zu leben. Die Auseinandersetzung mit der Irrlehre und Kontrollillusion soll uns dazu bewegen, neue Wege zu gehen: Kritisches Hinterfragen als Selbstschutz und entdeckende Maßnahmen. Irrlehren der Wissenschaft brauchen nach Max Planck 50 Jahre, bis sie durch neue Erkenntnisse abgelöst werden, weil nicht nur die alten Professoren, sondern auch deren Schüler aussterben müssen.

In der Systemtheorie werden komplexe Systeme durch eine Reihe charakterisierender Eigenschaften beschrieben. Die Komplexität eines Systems steigt mit der Anzahl an Variablen, der Anzahl an Verknüpfungen zwischen diesen Variablen, sowie der Funktionalität dieser Verknüpfungen (zum Beispiel Nicht-Linearität).

Zum einen würde ohne Komplexitätsreduktion (zumindest bei höher entwickelten Lebewesen, die zur Wahrnehmung vieler verschiedener Arten von Reizen imstande sind) Reizüberflutung auftreten, so dass die aus der Umwelt auf das Lebewesen einströmenden Informationen nicht oder nicht mehr sinnvoll verarbeitet werden könnten. Zum anderen dient sie der Ermöglichung oder Vereinfachung von Kommunikation.

Der Begriff „Komplexität" ist autologisch, denn er kann auf sich selbst bezogen werden: Der Begriff „Komplexität" ist selbst komplex. In diesem Fall ist die obige Definition auch unvollständig.

Komplexitätsreduktion ist grundsätzlich mit Informationsverlust verbunden. Wird die Komplexität des Systems selbst reduziert, so sinkt seine Anpassbarkeit an die Komplexität seiner Umwelt. Oft wird jedoch nur die Komplexität der Darstellung des Systems reduziert und die Komplexität des Systems selbst unverändert gelassen. Die Komplexitätsreduktion ist dann eine unumkehrbare Abbildung, die das Systemverständnis derer, die diese Darstellung nutzen, beschränkt.

*PART IV – Corporate Management Model (SSSS) – "Unternehmen"*

Komplexität bewältigen mit dem SSSS Modell im Sinne des Success Value Managements bedeutet, abwägen zu können, wann Komplexität aktiv zu reduzieren ist und wann nicht.

Systemische Ansätze grenzen sich mit dem kreiskausalen Denken gegen die linear-kausalen Ansätze ab. Allerdings darf das linear-kausale Denken nicht in den Hintergrund treten, sondern ist in das systemisch-kybernetische Denken zu reintegrieren.

| Success Value Management | |
|---|---|
| A: Erfolgswert schaffen | B: Wirtschaftlich leben |
| 1. Bezugsrahmen des Wirtschaftskontextes verstehen: 1.1. system 1.2. strategy 1.3. solutions 1.4. Success | 6. Nachhaltigkeit-Parameter: 6.1. Definition 6.2. Verification 6.3. Validation |
| 2. Chancen der Organisation erkennen: 2.1. Environment concept 2.2. Corporate Concept 2.3. Concept-Purpose-Fit | 4. Effektivität-Parameter: 4.1. User needs 4.2. Ressouces 4.3. Execution |
| 3. Steuerungsbezugspunkte entwickeln: 3.1. Customer Value 3.2. Process 3.3. Identity | 5. Effizienz-Parameter: 5.1. Time 5.2. Cost 5.3. Quality |

Darstellung 33: Sphäre B - Wirtschaftlich leben

Wirtschaftlich leben, im Sinne des Success Value Managements im SSSS Modell, bedeutet, den geschafften Erfolgswert auf Effektivität, Effizienz und Nachhaltigkeit zu referenzieren.

## 4. Effektivität

Effektivität ist als Beurteilungskriterium ein Parameter, mit dem sich beschreiben lässt, ob eine Maßnahme geeignet ist, ein vorgegebenes Ziel zu erreichen. Über die Art und Weise der Zielerreichung werden bei der Betrachtung unter Effektivitätsgesichtspunkten keine Aussagen getroffen.

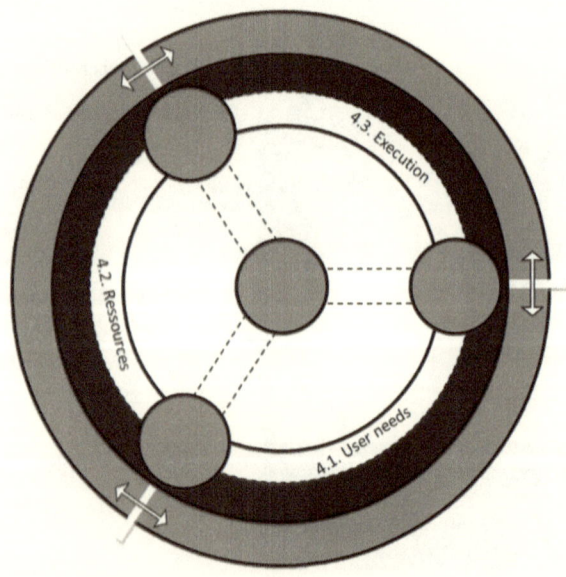

Darstellung 34: [4. Effektivität] Parameter

Effektivität ist die Vollständigkeit und Genauigkeit, mit der ein bestimmtes Ziel erreicht wird.

Mit Effektivität im Success Value Management wird beurteilt, ob der Erfogswert geeignet ist, um wirtschaftlich zu leben:

- User needs (Welche Anforderungen „User Needs" werden aus der Systemerfassung für die Strategie interpretiert, um einen Mehrwert für den Kunden zu erzeugen?)

*PART IV – Corporate Management Model (SSSS) – "Unternehmen"*

- Ressources (Welche Ressourcen „Ressources" wurden aus der Strategie für die Lösungen vorgegeben, um die Funktionen der Prozesse zu generieren?)
- Execution (Welche Lösungen „Execution" werden für das System umgesetzt, um das Niveau der Identität zu zeigen?)

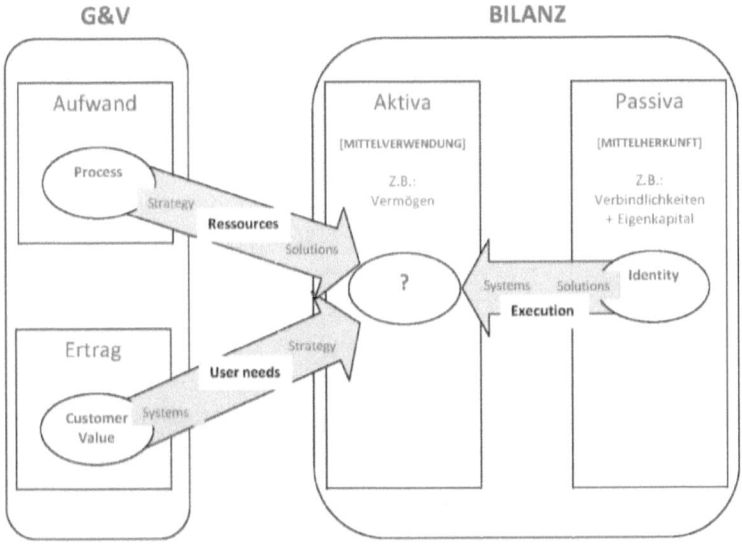

Darstellung 35: Effektivitätsparameter in G&V und Bilanz

Das Maß des Effektivitätsparameters im Success Value Management macht das Modell zu einem lebenden Management-System. Die Elemente Systems, Strategy und Solutions werden für den Erfolg „Success" aus dem Abschnitt 1. „Wirtschaftskontext verstehen" eingebunden.

## 4.1. User needs

Ein Schreibtisch ist ein gefährlicher Platz, um die Welt zu betrachten. Unter „User needs" bzw. Kundenanforderungen (oder Kundenforderungen) versteht man in der Betriebswirtschaft die Bedingungen eines Kunden oder einer Kundengruppe an ein Produkt oder eine Dienstleistung. Der Kunde kann auch, innerhalb eines Produktions- oder Transaktionsprozesses, als ein Betriebsinterner definiert sein.

Kundenanforderungen sind die Grundlage für die ökonomischen Abläufe am Markt, wo Angebot und Nachfrage den Preis steuern, während wechselnde Kundenanforderungen eine kontinuierliche Veränderung des Angebotes der Unternehmen bedingen und die Befriedigung von Bedürfnissen erheblichen Einfluss auf die Kundenbindung hat.

Zur Existenzsicherung des Unternehmens können Kundenanforderungen grob in Mindestanforderungen und „Nice-to-have"-Anforderungen unterschieden werden. Der Praxis-Begriff steht dabei für die Dinge, die eher ein „Kann" als ein „Muss" darstellen, dem Kunden aber zusätzlichen Nutzen in Form von Design, Funktion oder ähnlichem bieten.

Bei der Analyse der Kundenzufriedenheit im Kano-Modell werden die Mindestanforderungen der Kunden in Basisanforderungen, Leistungsanforderungen und Begeisterungsanforderungen unterteilt. Je nach Erfordernissen ist eine noch detailliertere Unterscheidungs- und Analysemethode für Kundenanforderungen bzw. Kundenwünsche im Kano-Modell möglich. Neben den genannten Merkmalen (Basis, Leistung, Begeisterung) werden dann noch weitere Anforderungen in Merkmale von Produkt oder Dienstleistung (wie z.B. Rückweisungsmerkmale und unerhebliche Merkmale) überführt.

Die Qualitäts- und Prozessoptimierungsmethode Six Sigma nutzt, außer dem Kano-Modell, auch Werkzeuge, die u.a. der Erfassung und Strukturierung der Kundenanforderungen, sowie der Korrelation der Kundenanforderungen mit Qualitätsmerkmalen von Produkten und Dienstleistungen dienen. Letzteres erfolgt mit Hilfe einer Komponente des im Qualitätsmanagement zur Qualitätssicherung verwendeten Werkzeuges „Quality Function Deployment", dem sogenannten House of Quality.

Zur Ermittlung der Kundenanforderungen am anonymen Markt werden Instrumente der Marktforschung wie die Befragung (Umfrage: persönlich, schriftlich, telefonisch) verwendet, während bei bekanntem Kundenkreis personalisierte Kundenbefragungen und Kundenzufriedenheitsanalysen eingesetzt werden können. Um den unterschiedlichsten Kundenanforderungen am Markt gerecht zu werden, läuft in jedem Unternehmen für jeden Kunden ein anderer, mehr oder weniger spezifischer, nur bedingt standardisierbarer Kundenprozess ab, der aus einer Vielzahl, für den Kunden (un)sichtbaren Geschäftsprozessen besteht.

Effektivität ist primär dem Management der Kundenanforderung zugeordnet. Der Begriff Kundenanforderung wird auch im Zusammenhang mit Bestellungen nach Kundenwunsch bzw. für die kundenauftragsbezogene Fertigung verwendet. Im Gegensatz zum Kundenwunsch stellt eine Kundenanforderung mehr oder weniger genaue Bedingungen, die erfüllt sein oder werden müssen, damit ein Geschäft zwischen Kunde und Lieferant längerfristig Bestand hat, da bei Erfüllung dieser Bedingungen Kundenzufriedenheit erreicht werden kann.

## 4.2. Ressources

Wir haben nicht zu wenig Zeit, wir verschwenden zu viel davon. Auch zur Vollbringung der größten Dinge ist das Leben lang genug, wenn es nur gut angewendet wird.

Der Spagat zwischen Intelligenz und Kompetenz. Die Intelligenz ist im Allgemeinen die „Disposition für kognitive Prozesse für die Bewältigung der Lebensaufgaben". Aber für mich ist Intelligenz die Fähigkeit, abstrakt und vernünftig zu denken und daraus zweckvolles Handeln abzuleiten. Dazu gehört eine gewisse Flexibilität, die „Fähigkeit des Findens, Erfindens und Sichzurechtfindens in neuen, ungewohnten Lebenslagen auf Grund von Einsicht". Kreativität ermöglicht schließlich das erstmalige Finden einer Lösung für ein bisher nicht bewältigtes Problem und die damit verbundene Erweiterung von Handlungsmöglichkeiten. In der Kompetenz ist diese kognitive Intelligenzfähigkeit um die Handlungsfähigkeit erweitert.

Kompetenzmanagement hat die Aufgabe, Mitarbeiterkompetenzen zu beschreiben, sie transparent zu machen sowie den Transfer, die Nutzung und Entwicklung der Kompetenzen hinsichtlich strategischer Unternehmensziele sicherzustellen.

Das Problem in Organisationen: Wir arbeiten in den Strukturen von gestern mit Methoden von heute, hoffentlich an Strategien für morgen, überwiegend mit Menschen, die in den Kulturen von vorgestern die Strukturen von gestern gebaut haben und das Übermorgen nicht mehr erleben werden.

**Komplexitätsreduktion mit Kompetenzmangement:**

Ziel des Kompetenzmanagements im Unternehmen ist es, die Potenziale, die jedes Unternehmen aufgrund vorhandener Mitarbeiterfähigkeiten und -fertigkeiten hat, effektiv zu nutzen und darauf basierend die für eine nachhaltige Wettbewerbsfähigkeit notwendigen Kompetenzen zu entwickeln. Mit Hilfe des Kompetenzmanagements wird es möglich, die immer komplexer und unwägbarer werdenden externen und internen Rahmenbedingungen im Unternehmen besser steuer- und kontrollierbar zu machen. Kompetenzmanagement ist folglich eine Managementdisziplin, die es Unternehmen ermöglicht, aktiv den eigenen Kompetenzbestand zu steuern und zu lenken. Das Kompetenzmanagement vereint zwei grundlegende Ansätze der Organisationswissenschaften, die auch hier eine Rolle spielen: Den ressourcenbasierten Ansatz, bzw. den Kernkompetenzansatz und den lernorientierten Kompetenzansatz. Für die Anwendung eines Kompetenzmanagements sind beide Ansätze relevant.

Der ressourcenorientierte Ansatz – auch Kernkompetenzansatz genannt – beschäftigt sich grundlegend mit der Potenzialnutzung einer Organisation mit dem Ziel, die Überlebensfähigkeit eines Unternehmens durch die richtige Ressourcenakkumulation langfristig zu sichern und sich dadurch vom Marktumfeld abzuheben.

Der lernorientierte Kompetenzansatz fokussiert im Gegensatz dazu das Individuum als Kompetenzträger. Kompetenzen werden dabei als Voraussetzungen zur Selbstdisposition charakterisiert. Die Orientierung an Kernkompetenzen statt an Produkten ist notwendig.

## 4.3. Execution

Das wirkliche Problem ist nicht, ob Maschinen funktionieren, sondern ob Menschen es tun. Daten - Information - Wissen - Lernen: Daten sind logisch gruppierte Informationseinheiten, die zwischen Systemen übertragen werden oder auf Systemen gespeichert sind.

Informationen unterscheiden sich von Daten dadurch, dass sie zuzüglich zu Daten wie „25°C" noch einen Kontext enthalten: „In diesem Zimmer beträgt die Temperatur 25°C". Information „lebt" nur in Organismen und Subjekten (weil es nur hier Bedeutungen gibt) - sie kann technisch weder „gespeichert" noch „verarbeitet" werden. Was in technischen Systemen auftaucht, sind lediglich verknüpfte Daten, die höchstens „Spuren" der Wirkung von bedeutungstragender Information enthalten, die selbst ein Eigenleben gewinnen können (Simulation). Dies lässt sich aus der Informationstheorie ableiten. Die Informationstheorie ist eine mathematische Theorie aus dem Bereich der Wahrscheinlichkeitstheorie und Statistik, die auf Claude Shannon zurückgeht.

Kommunikation berücksichtigt die Reziprozität des Informationsaustausches. Schon Organismen können spezifisch aufeinander einwirken, d.h. kommunizieren. Kommunikation ist in der Luhmanns-Sichtweise kein menschliches Handeln, sondern eine Operation sozialer Systeme, mit der sich diese selbst erhalten. Nach Luhmann „kann der Mensch nicht kommunizieren; nur die Kommunikation kann kommunizieren". Dies stellt für die Rezeption dieser Sichtweise eine Schwierigkeit dar, denn es bedeutet, dass dieser Zugang nicht adäquat verstanden werden kann, wenn dabei von Menschen oder gar von eigenen Erfahrungen über Kommunikation ausgegangen wird.

Wissen ist jedes Ergebnis von Erkenntnisprozessen und damit eine spezielle Form von Informationen. Es bezieht die praktische Anwendung der Daten und Informationen mit ein. Es muss nicht unbedingt „absolut wahr" sein, sondern die Realität mehr oder weniger richtig widerspiegeln und damit ein erfolgreiches Handeln ermöglichen.

„Lernen" wird im Bereich der Organisationslehre als allgemeiner Begriff für Wissensänderungen verwendet. Dabei ist nicht nur das individuelle Lernen gemeint, sondern auch:

- Kollektivierung (Wissensänderung vom Individuum zum Kollektiv)
- Sozialisierung (Wissensänderung vom Kollektiv zum Individuum)
- Kulturkampf (Wissensänderung zwischen Kollektiven)
- Institutionenbau (Wissensänderung zwischen Individuen)
- Kulturwandel (Wissensänderung innerhalb eines Kollektivs).

Das Lernen bezieht sich in erster Linie auf die Anpassung an aktuelle Veränderungen. Die Fähigkeit zu lernen ist nicht das Aufnehmen von geistigen Substanzen, sondern die Anpassung eines dynamischen Systems an Umweltbedingungen.

Die Reduktion von Komplexität durch IT ist mehr als ein Technikthema: Wohin sollen wir uns bewegen?

- Behaviourismus-Lernmodell: Der Mensch als Black Box. Das Lernergebnis stellt ein gezeigtes Verhalten des Individuums dar.
- Kognitionstheorie-Lernmodell: Der Mensch als Computer. Das Lernergebnis stellt verarbeitete Vorgänge im Bewusstsein des Individuums dar.

- Konstruktivismus-Lernmodell: Der Mensch als Konstrukteur von Wirklichkeit und Bedeutung. Das Lernergebnis stellt konstruierte Zustände im Bewusstsein des Individuums dar.
- Konnektivismus-Lernmodell: Netzwerke, Info-Ökosysteme und Verbindungen dazwischen. Das Lernergebnis stellt verteiltes und verbundenes Wissen zwischen Individuen dar. Konnektivismus nimmt einen anderen Blickwinkel auf bestehende Phänomene ein: Weg von Vorgängen im Individuum hin zu Ereignissen in Netzwerken und deren Kontext. Dies ist beim Design von Veränderungen in komplexen Umwelten notwendig.

**Was ist in Organisationen zu tun?**

Phase 1 - Vereinheitlichung der Geschäftsprozesse

Phase 2 - Vereinheitlichung und Konsolidierung der IT-Architektur

Phase 3 - Konsolidierung der IT-Organisation und Einrichtung notwendiger IT-Prozesse.

Ich habe mich hier mit der IT beschäftigt, da ich den Prozess als existenziell für jedes Unternehmen betrachte. Allerdings können hier selbstverständlich auch andere Prozesse festgelegt werden. In diesem Fall habe ich zuerst die Vorgaben festgelegt, um das Richtige zu tun, dann kann ich mich der Effizienz widmen, d.h. das festgelegte Richtige richtig tun.

## 5. Effizienz

Effizienz ist als Beurteilungskriterium ein Parameter, mit dem sich beschreiben lässt, ob eine Maßnahme angemessen ist, ein vorgegebenes Ziel auf eine bestimmte Art und Weise (z.B. unter Wahrung der Wirtschaftlichkeit) zu erreichen.

Der Begriff der Effizienz (v. lat.: efficere „zustande bringen") beschreibt einen Zustand, bei dem eine Verbesserung des Ergebnisses nur durch eine Erhöhung eines Faktors erzielt werden kann. In der Volkswirtschaftslehre gilt bei Effizienz analog, dass eine Besserstellung eines Haushalts nur durch eine Schlechterstellung eines anderen Haushalts erreicht werden kann. Der Begriff der Effizienz folgt dem ökonomischen Prinzip. Der im allgemeinen Sprachgebrauch häufig verwendete Komparativ „effizienter", mit der eine Verbesserung bzw. eine höhere Produktivität (Verhältnis Output zu Input, also etwa das Verhältnis von Nutzen zu Aufwand) bzw. ein höherer Wirkungsgrad ausgedrückt werden soll, ist sprachlich streng genommen nicht korrekt. Dies zeigt auch die deutsche Übersetzung „zustande bringen", zu der es auch keinen sinnvollen Komparativ gibt.

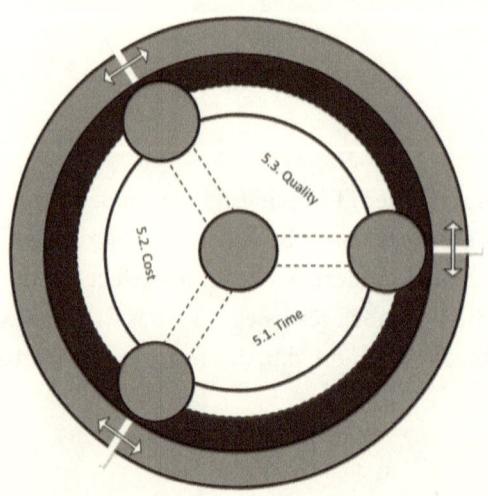

Darstellung 36: [5. Effizienz] Parameter

Die Parameter der Effizienz „Time, Cost, Quality" können im Zusammenspiel mit einem Jahresabschluss eines Unternehmens wie folgt dargestellt werden:

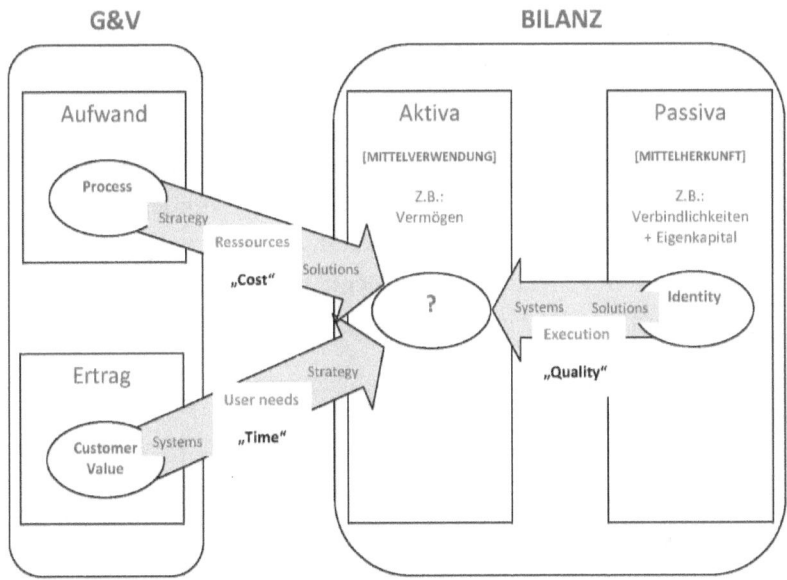

Darstellung 37: Effizienzparameter in G&V und Bilanz

Die Kennzahlen der Effizienz stehen ständig in einem Spannungsfeld, denn hier entscheidet die richtige Balance. Für das Success Value Management im SSSS Modell setze ich Effizienz in den richtigen Kontext des Erfolgswertes mit den Komponenten des Spannungsfeldes Time (Zeit), Cost (Kosten) und Quality (Qualität), um wirtschaftlich zu leben.

## 5.1. Time

Die Fähigkeit, schneller zu lernen als die Konkurrenz, ist vielleicht der einzig wirkliche Wettbewerbsvorteil.

Die Leute, die bei gemeinsamer Zielverfolgung niemals Zeit haben, tun am wenigsten. „Man sollte nie so viel zu tun haben, dass man zum Nachdenken keine Zeit mehr hat." Zeitverschwendung ist die leichteste aller Verschwendungen und ist sehr teuer.

Zeit haben wir immer, es ist nur eine Frage der Prioritätssetzung. Die Kundenanforderungen „User needs" sind, aus Kundenerwartungen abgeleitete, Anforderungen an ein Produkt oder eine Dienstleistung. Dabei spielt die Zeit eine entscheidende Rolle, denn Termintreue sowie schneller zu sein als die Konkurrenz sind die wichtigen Maßstäbe für die Erträge des Unternehmens.

Deine kontextbezogenen (Gedankenbild-)Ergebnisse?

-------------------------------------------------------------------

-------------------------------------------------------------------

-------------------------------------------------------------------

-------------------------------------------------------------------

-------------------------------------------------------------------

-------------------------------------------------------------------

-------------------------------------------------------------------

-------------------------------------------------------------------

-------------------------------------------------------------------

## 5.2. Cost

Viele Dinge im Leben sind wichtiger als Geld, und sie alle kosten Geld. Eine fundamentale Komponente im Kreislauf des Wirtschaftssystems ist so aufgebaut, dass wir immer auf Kosten anderer leben. Wer zu spät an die Kosten denkt, ruiniert sein Unternehmen. Wer immer zu früh an Kosten denkt, tötet die Kreativität.

Also bei der Prozessgestaltung spielen die Kosten eine entscheidende Rolle und somit hat man die Möglichkeit mit den Ressourcen sorgfältig umzugehen.

Deine kontextbezogenen (Gedankenbild-)Ergebnisse?

------------------------------------------------------------------------

------------------------------------------------------------------------

------------------------------------------------------------------------

------------------------------------------------------------------------

------------------------------------------------------------------------

------------------------------------------------------------------------

------------------------------------------------------------------------

------------------------------------------------------------------------

------------------------------------------------------------------------

------------------------------------------------------------------------

------------------------------------------------------------------------

## 5.3. Quality

Einen Fehler machen und ihn nicht korrigieren – erst das heißt wirklich einen Fehler zu machen. Qualität ist kein Zufall, sie ist immer das Ergebnis angestrengten Denkens. Es gibt kaum etwas auf dieser Welt, das nicht irgendjemand ein wenig schlechter machen und es billiger verkaufen könnte.

Die Güte des Werkes ist nicht abhängig vom Werkzeug, sondern von demjenigen, der das Werkzeug bedient. Bei der Umsetzung der Lösungen hat die Qualität höchste Priorität. Es kommt immer darauf an, wie man Lösungen umsetzt und damit kann man sich als Unternehmen selbstbewusster identifizieren: Es ist auch das Kapital des Unternehmens.

Deine kontextbezogenen (Gedankenbild-)Ergebnisse?

PART IV – Corporate Management Model (SSSS) – "Unternehmen"

## 6. NACHHALTIGKEIT

Eine erstmalige Verwendung der Bezeichnung „Nachhaltigkeit" in deutscher Sprache, im Sinne eines langfristig angelegten verantwortungsbewussten Umgangs mit einer Ressource, wurde bei Hans Carl von Carlowitz 1713 in seinem Werk Silvicultura oeconomica nachgewiesen.

Nachhaltigkeit gilt in einem Wörterbucheintrag von 1910 als Übersetzung vom lateinischen „perpetuitas" und bedeutet das Beständige und Unablässige, wie auch das ununterbrochen Fortlaufende, das Wirksame und das Nachdrückliche oder einfach der Erfolg oder die Wirksamkeit einer Sache.

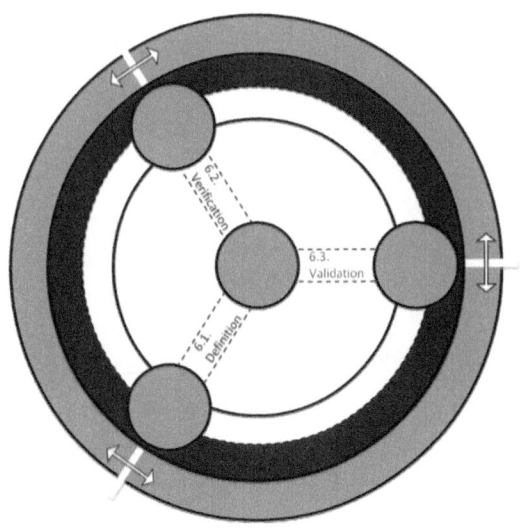

Darstellung 38: [6. Nachhaltigkeit] Parameter

Manche Autoren stellen fest, dass aufgrund der vielfältigen Definition Nachhaltigkeit zu einem „Gummiwort" geworden ist. Zugleich wird aber betont, dass die Idee „nur als Gummiwort [...] in allen gesellschaftlichen Bereichen kommunizierbar" werde. Für viele Unternehmen ist das Attribut

„nachhaltig" zu einer inhaltlich schwer überprüfbaren Komponente ihrer PR-Strategie geworden. Demnach können sich Unternehmen durch besonders nachhaltiges Handeln einen Wettbewerbsvorteil verschaffen.

Die Parameter der Nachhaltigkeit „Definition, Verification, Validation" können im Zusammenspiel mit einem Jahresabschluss eines Unternehmens wie folgt dargestellt werden:

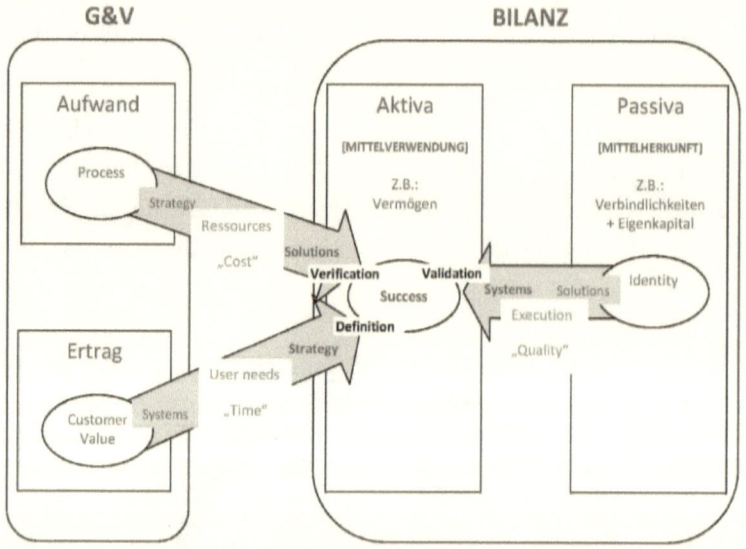

Darstellung 39: Nachhaltigkeitsparameter in G&V und Bilanz

Der Duden definiert Nachhaltigkeit als eine über längere Zeit anhaltende Wirkung. Eine Wirkung kann im Sinne des Success Value Managements nachhaltig sein, wenn die Definition einer Wirkung durch eine Verifikation und mit einer Validierung über längere Zeit bestätigt werden kann. Die Kontrollinstrumente (Verifikation und Validierung) stellen keine Anspielung auf Missvertrauen dar, sondern eine Unterstützung für den Abgleich der eigenen Erwartung.

## 6.1. Definition

„Es fällt immer auf, wenn jemand über Dinge redet, die er versteht." Es ist falsch zu glauben, dass zur Definition des Guten das Verstehen genüge. Die Definition von Erfolg muss jeder für sich selbst finden. Das Resultat ist mehr Lebens-Qualität und Lebens-Sinn! Dieses Resultat ist in der Strategie wieder zu finden.

Ich definiere Erfolg als das Erreichen selbstdefinierbarer Ziele durch die Ausschöpfung des eigenen Potentials. Damit verbinde ich mit Definition den Erfolg und die Strategie.

Deine kontextbezogenen (Gedankenbild-)Ergebnisse?

------------------------------------------------------------------------

------------------------------------------------------------------------

------------------------------------------------------------------------

------------------------------------------------------------------------

------------------------------------------------------------------------

------------------------------------------------------------------------

------------------------------------------------------------------------

------------------------------------------------------------------------

------------------------------------------------------------------------

------------------------------------------------------------------------

------------------------------------------------------------------------

------------------------------------------------------------------------

## 6.2. Verification

„Vertraue, aber prüfe nach" ist eine geläufige alte russische Redewendung »Dowjerjaj, no prowjerjai« die oft von Lenin angewendet wurde. Die Prüfung von Lösungen bleibt ein unverzichtbares Element in einem System, das zu steuern ist. Mit dem Hintergrund, dass Lösungen sich mit der Vergrößerung der Entfernung vom Ziel vereinfachen. Diese Tatsachen erschweren das Leben. Der Unterschied zwischen der Schule und dem Leben ist, dass im Leben die Lösung zählt und nicht der Lösungsweg. Daher ist eine Verifikation dafür da, Lösungen auf den Erfolg zu kanalisieren.

Damit verbinde ich mit Verifikation den Erfolg und die aus der Strategie resultierten Lösungen.

Deine kontextbezogenen (Gedankenbild-)Ergebnisse?

## 6.3. Validation

Das größte Problem in der Kommunikation ist die Illusion, sie hätte bereits stattgefunden. Jeder hat ein System um reich zu werden, das in der Realität sicher nicht funktioniert. Daher wird die Validierung als Nachweisführung benötigt, um die Erfüllung der Praxisanforderungen von einem Produkt vorzuweisen. Damit verbinde ich mit Validation den Erfolg und das System, in dem agiert wird.

Deine kontextbezogenen (Gedankenbild-) Ergebnisse?

------------------------------------------------------------------------
------------------------------------------------------------------------
------------------------------------------------------------------------
------------------------------------------------------------------------
------------------------------------------------------------------------
------------------------------------------------------------------------
------------------------------------------------------------------------
------------------------------------------------------------------------
------------------------------------------------------------------------
------------------------------------------------------------------------
------------------------------------------------------------------------
------------------------------------------------------------------------
------------------------------------------------------------------------

## C. SPHÄRENVERKNÜPFUNG: FAZIT

Wenn ich etwas phantasieren darf und mir das SSSS Modell als Gehirn vorstelle, stellen zum einen der Abschnitt 2 des Modells die Bewusstseinsschicht des Gehirns und zum anderen die restlichen Abschnitte (1 und 3 bis 6) die Unterbewusstseinsschicht des Gehirns dar. Also mit dem Modell integriere ich rational den Kern des Unterbewusstseins (Kern des Modells) in die Bewusstsein-Schicht, was erheblich bessere Entscheidungsqualität mit sich bringt. Denn bevor eine Entscheidung bewusst getroffen wird, laufen im Unterbewusstsein zahlreiche Bearbeitungsprozesse ab.

Wir haben Naturgesetze und Rechtsprinzipien mit Idealen, die uns ständig begleiten. Was können wir denn daraus ableiten, um besser zu funktionieren? Meine Antwort sieht so aus: Wenn ich erfolgreich sein will, habe ich einen Erfolgswert zu schaffen und damit wirtschaftlich zu leben.

In dieser Arbeit geht es primär darum, mit Hilfe des Kerns des Modells den Wirtschaftskontext (1.) zu verstehen und mit Hilfe der Nachhaltigkeitsparameter wirtschaftlich zu leben (6.).

Die Ergebnisse der Abschnitte 1 und 6 des SSSS Modells lassen sich nachvollziehen und in der Wirtschaft allgemein übertragen. Die Ergebnisse können reproduziert werden. D.h. für eine reine wissenschaftliche Betrachtung repräsentieren diese Abschnitte das Vorgehen für den Aufbau und die Weiterentwicklung eines Unternehmens nach dem Ansatz des Success Value Managements.

Die Abschnitte 2 bis 5 des SSSS Modells sind für die Praxis in meinem umgesetzten Fall entscheidend. Hier lässt sich noch eine grundlegende kritische wissenschaftliche Auseinandersetzung durchführen. Allerdings haben sie sich schon in der Praxis bewährt. Wie sieht Dein Fazit mit dem SSSS Modell aus?

------------------------------------------------------------------------

------------------------------------------------------------------------

*PART IV – Corporate Management Model (SSSS) – "Unternehmen"*

# PART 5 – EVOLUTIONÄRE DIMENSION

## *Reflection Model (LSNP) - "Selbstüberprüfung"*

| | | |
|---|---|---|
| Werkzeugkasten für das Success Value Management | I | **ERV Basis Reference Model „Primär"** <br> Mit diesem Modell als Entwicklungsreferenz von arm zu reich bilde ich aus dem bestimmenden Lebensinhalt mein persönliches dynamisches Basisverständnis ab. |
| | II | **QACC Active Perception Model „Privat"** <br> Mit den allgemeinen Verknüpfungen aktiviere ich durch dieses Vorgehensmodell meine Perzeptionsfähigkeit. Dadurch steigere ich meine Intelligenz und setze meine Dummheit temporär aus, denn Dummheit ist ein Mangel an Intelligenz. Hier modelliere ich meine Grundwerte. |
| | III | **ASAI Entrepreneurship Model „Geschäftlich"** <br> Mit diesem Kreislaufsystem lerne ich meine Investition (Business-Idee) zu verstehen und nahezu konstant zu halten. Hier baue ich meine Kapital-Überzeugung auf. |
| | IV | **SSSS Corporate Management Model „Gesellschaftlich"** <br> Mit diesem Instrument manage ich meine Investition (mein Unternehmen) nachhaltig, um erfolgreich zu wirtschaften. Hier lebe ich mein Unternehmen. |
| | V | **LSNP Reflection Model „Evolutionär"** <br> Mit der Überprüfung beobachte ich, ob meine Managemententscheidungen zu meinen Ergebnissen in Verhältnismäßigkeit für die Allgemeinheit passen. Und auch für meine eigene Persönlichkeit beobachte ich, ob meine Werte zu meinen Gewohnheiten passen. |

*KAPITEL DREIZEHN*
# VERHÄLTNISMÄßIGKEIT DES ERFOLGES

Wenn wir in einem Unternehmen arbeiten und plötzlich gäbe es kein Management mehr, würden wir trotzdem funktionieren, weil wir uns mit unserem Sozialsystem selbst organisieren können. Die Grundlage dafür ist auch mit dem Rechtssystem verankert. Wenn wir das Privatrecht anschauen, haben wir bestimmte Vorgaben zu erfüllen, um überhaupt als Unternehmen zu existieren. Nun gehen wir tiefer in die Grundrechte, also in die Basis des Rechtssystems ein, und betrachten die

*Legitimate Aim*

*Suitability*

*Necessity*

*Proportionality*

Bewertungsanforderungen von Maßnahmen: Da wird von jeder Maßnahme Verhältnismäßigkeit verlangt, die in die Grundrechte eingreift. Es wird gefordert, dass die Maßnahme einen legitimen öffentlichen Zweck verfolgt und überdies geeignet, erforderlich und angemessen ist. Eine Maßnahme, die diesen Anforderungen nicht entspricht, ist rechtswidrig.

Damit ein Erfogswert den Ansatz des Success Value Managements verfolgt, hat der Erfogswert verhältnismäßig zu sein, d.h. der Erfogswert hat den in diesem Abschnitt dargestellten Anforderungen zu entsprechen.

*PART V - Reflection Model (LSNP) - „Selbstüberprüfung"*

| Success Value Management | | Verhältnismäßigkeit des Erfolges: |
|---|---|---|
| A: Erfolgswert schaffen | B: Wirtschaftlich leben | Legitimer Zweck |
| 1. Bezugsrahmen des Wirtschaftskontextes verstehen: <br> 1.1. Systems <br> 1.2. Strategy <br> 1.3. Solutions <br> 1.4. Success | 6. Nachhaltigkeit-Parameter: <br> 6.1. Definition <br> 6.2. Verification <br> 6.3. Validation | Geeignetheit |
| 2. Chancen der Organisation erkennen: <br> 2.1. Environment Concept „Wer sind wir nicht und deswegen anders?" <br> 2.2. Corporate Concept „Wer sind wir?" <br> 2.3. Corporate Phylosophy „Unsere Stärke?" | 4. Effektivität-Parameter: <br> 4.1. User needs <br> 4.2. Ressouces <br> 4.3. Execution | Erforderlichkeit |
| 3. Steuerungsbezugspunkte entwickeln: <br> 3.1. Customer Value <br> 3.2. Process <br> 3.3. Identity | 5. Effizienz-Parameter: <br> 5.1. Time <br> 5.2. Cost <br> 5.3. Quality | Angemessenheit |

**Darstellung 40: Verhältnismäßigkeit des Erfolges und Success Value Management**

Unter dem Verhältnismäßigkeitsprinzip versteht man den Rechtsgrundsatz, dass bei Eingriffen in persönliche Rechte, die im Falle eines öffentlichen Interesses als zulässig gelten, ein gewisses Maß gehalten wird. Der Grundsatz gehört zum elementaren modernen Konzept eines Rechtsstaates.

**Reflexionsinstrument für Managemententscheidungen**

Es sind die richtigen oder falschen Entscheidungen des Managements, die den Verlauf einer Unternehmensentwicklung bestimmen. Doch was ist die richtige oder falsche Entscheidung?

Warum soll das Management reflektieren? Die Antwort kann sich wie folgt darstellen:

- Weil sich die Qualität der Managemententscheidungen nicht nur anhand der Ergebnisse messen lässt

PART V - *Reflection Model (LSNP)* – „Selbstüberprüfung"

- Weil Management eine Kunst ist, die nicht vom Stillstand, sondern von der Veränderung lebt, gehören kritische Reflexion und konstruktiver Diskurs zu den Grundfesten des Managements.

Was heisst das für das heutige Management? Die in dieser Arbeit ausgearbeitete Lösungsmöglichkeit soll dabei helfen, Anspruch und Wirklichkeit im Management zu erkennen und zu verstehen.

**Reflexionsnotwendigkeit**

Spätestens wenn die Gewinn- und Verlustrechnung (G&V) sowie die Bilanz des Unternehmens vorliegen, intensivieren sich die Managementfragen, die zu diesem Ergebnis geführt haben. Es wird hinterfragt und reflektiert. Dabei sind die Kapitalflussrechnung (Cashflow), die Bilanz und die G&V die wichtigsten Werkzeuge, um eine Unternehmensbewertung vornehmen zu können.

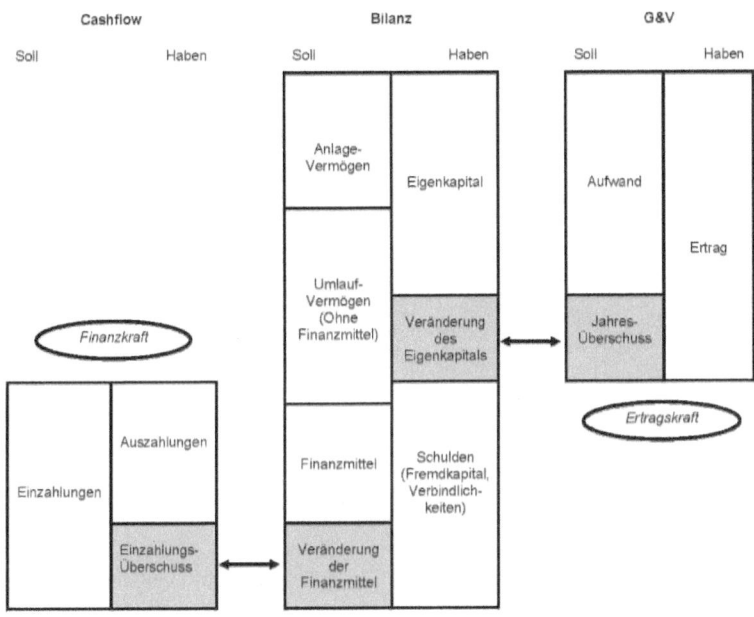

Darstellung 41: Zusammenhang Cashflow-Bilanz-G&V

Erst wenn die Verknüpfungen zwischen der Gewinn- und Verlustrechnung (GuV), dem Cashflow (CF) und der Bilanz beherrscht werden, gelingt es meist die Sachverhalte mit bilanzieller Denkweise anzugehen und damit zielgerichtet umzugehen.

Worum geht es hauptsächlich für jedes Unternehmen am Markt? Es geht um den Erfolg! Diesbezüglich gilt es einen Erfolgswert zu schaffen und damit wirtschaftlich zu leben. Mit dem Success Value Management Ansatz gibt es bereits eine wissenschaftliche Auseinandersetzung und einen Lösungsansatz, der einen neuen Paradigmenwechsel anregen soll. Dabei geht es um den Erfolgswert. In diesem Kontext definiere ich Erfolg als „das Erreichen selbst definierbarer Ziele durch die Ausschöpfung des eigenen Potentials". Man könnte sich auf unterschiedliche Komponente stützen, um eine gezielte Bewertung vorzunehmen. Die Grundlage für einen Bewertungsansatz könnte wie schon erwähnt das Verhältnismäßigkeits-prinzip darstellen.

**Referenz für das Management**

Warum ausgerechnet das Verhältnismäßigkeitsprinzip als Referenz übertragen? Ist die Referenz in der Naturwissenschaft mit einem Punkt bzw. System verknüpft, würden alle Trägheits- und Gravitationskräfte verschwinden, wenn der sich im freien Fall befindet. In der Physik stellte Einstein die Trägheits- und Gravitationskräfte in Form des Äquivalenzprinzips an den Anfang seiner allgemeinen Relativitätstheorie.

Aus ökonomischer Sicht sind Referenzen für Unternehmen oft unentbehrlich. Denn Empfehlungen als Referenzen stehen für eine Spitzenleistung aus Sicht des Kunden; Und die allein zählt. Es mag auch ein Denkfehler sein, da man mit einer erstklassigen Empfehlung hingegen Aufmerksamkeit und Anerkennung erzielt.

Also Referenzen tragen zur zielgerichteten erfolgreichen Stabilität eines Systems bei. Eine wichtige Referenz im rechtlichen System stellt das

Verhältnismäßigkeitsprinzip dar. Da wirtschaftliche Stabilität sehr stark von der rechtlichen Sicherheit abhängig ist, können rechtliche Referenzen im wirtschaftlichen Kontext übertragen werden. Besonders wenn es darum geht, Unternehmen erfolgreich zu steuern.

Zum jetzigen Zeitpunkt gibt es noch kein detailliertes Vorgehensmodell, das dem Verhältnismäßigkeitsprinzip als Reflexionsinstrument für das Management in Unternehmen dient.

Allerdings sind erste Überlegungen vorhanden. Betrachten wir die Marktentwicklungen mit ihren Überlegungen: Um z.B. CSR (Corporate Social Responsibility) zu erwähnen, ist es für das Management erforderlich, integrierte Instrumente zu entwickeln, die die globalen Zielsetzungen erreichen. Die Zielsetzungen haben ökonomische, ökologische und soziale Dimensionen, die umzusetzen sind.

Die Anwendung eines Prinzips besteht nicht nur in einem Subsumtionsvorgang, sondern enthält ein interpretatives und damit auch produktives Element. Deshalb ist ethisches Reflektieren etwas anderes als logisches Erschließen. Für Bayertz „sind ethische Probleme keine Rechenaufgaben, die eine in jeder Hinsicht „glatte Lösung haben". Es ist nicht ausgeschlossen, dass es über die vorgeschlagenen Kriterien hinaus auch weitere bedenkenswerte Kriterien gibt oder dass es in der Bewertung zu einem gut begründeten Dissens über die Geltung wie Bedeutung der einzelnen Kriterien kommt. Außerdem werden diese Kriterien als komplexe Begriffe verstanden. Jedes Kriterium setzt sich wiederum aus unterschiedlichen Normen zusammen, die zum Teil durch die erläuternden Fragen expliziert werden. Es kann sowohl innerhalb eines Kriteriums als auch zwischen den Kriterien zu uneinheitlichen Interpretationen kommen.

Moralische Probleme ergeben sich in der Regel aufgrund miteinander konkurrierender bzw. kollidierender Werte, Ziele oder Interessen. Derartige Konflikte sind von solchen Situationen zu unterscheiden, in denen man eigentlich weiß, was ethisch zu tun ist, aber dennoch nicht hinreichend motiviert ist, den moralischen Verpflichtungen zu folgen. Im Unterschied dazu, gehen moralische Konflikte mit einer Orientierungs-losigkeit einher, die sich in der Frage ausdrückt „Was soll ich tun?". In einer

*PART V - Reflection Model (LSNP) – „Selbstüberprüfung"*

solchen dilemmatischen Situation legen uns die Kriterien verschiedene Handlungsoptionen nahe, die sich wechselseitig ausschließen und zwischen denen wir uns entscheiden müssen.

Können die widerstreitenden Bewertungen nicht durch eine intensive Reflexion oder eine Kombination von Handlungsoptionen oder eine Änderung der Rahmenbedingungen gelöst werden, sollte eine getroffene Entscheidung möglichst verhältnismäßig sein. Hierbei kann die, in der Rechtswissenschaft eingespielte, Methode der praktischen Konkordanz oder der Grundsatz der Verhältnismäßigkeit von Nutzen sein. Übertragen auf die ethische Bewertung von Handlungsmöglichkeiten, kann laut der Methode der praktischen Konkordanz ein Kriterium nur dann eingeschränkt werden, wenn dadurch ein anderes Kriterium optimiert wird. Dazu muss ein verhältnismäßiger Ausgleich zwischen den kollidierenden Kriterien gefunden werden. Dieser Ausgleich ist verhältnismäßig, wenn

- Erstens die Handlungsoption legitim ist, das heißt, dass der Unternehmenszweck und somit auch die definierbaren Unternehmensnormen und -Standards konform verfolgt werden.
- Zweitens die Handlungsoption geeignet, das heißt, dass das angestrebte Ziel erreicht oder zumindest gefördert wird.
- Drittens muss die Maßnahme erforderlich – das heißt das mildeste Mittel zur Einhaltung des Kriteriums – sein. Es darf kein weiteres Mittel zu Verfügung stehen, welches den Zweck ebenso gut erreicht, aber die betroffenen Personen weniger belastet.
- Viertens muss eine Option angemessen sein. An dieser Stelle müssen sämtliche einsehbaren Vor- und Nachteile einer Maßnahme abgewogen werden.

Eine Maßnahme ist dann verhältnismäßig, solange die Nachteile ihrer Durchführung nicht in einem groben Missverständnis zu den Vorteilen stehen, die sie bewirkt. In jedem Fall ist eine Maßnahme unverhältnismäßig, wenn dadurch ein Kriterium dem anderen vollkommen geopfert wird.

*PART V - Reflection Model (LSNP) – „Selbstüberprüfung"*

| Anwendung des juristischen Verhältnismäßigkeitsprinzips im Management: | | | | |
|---|---|---|---|---|
| Management Ebenen | Management-Orientierung: Success Value Management (Erfolgsbezug) | Zeitbezug | Funktion (Verantwortung) | Verhältnismäßigkeit von Maßnahmen bzw. von Managemententscheidungen als Reflexionsinstrument: Schwerpunkt |
| Normativ | Erfolgsdefinition | Langfristig (>3 Jahre) | Entwicklung/ Gestaltung | Legitimität |
| Strategisch | Erfolgspotential | Mittelfristig (1-3 Jahre) | Auf- und Abbau von Kapazitäten | Geeignetheit |
| Operativ | Erfolgsergebnisse | Kurzfristig (<1 Jahr) | Nutzung von Kapazitäten | Erforderlichkeit |
| Qualitativ | Erfolgskontrolle | Gegenwart (0-x Jahr) | Prüfung von Ergebnissen | Angemessenheit |

**Darstellung 42: Juristisches Verhältnismäßigkeitsprinzip im Management**

Die Darstellung der Managementebenen und die verfolgte Managementorientierung sind die wesentlichen Zuordnungen, die eine zielgerichtete Lösungsmöglichkeit ermöglichen, wobei sich mit anderen Zuordnungen auch eine Anwendbarkeit festlegen lässt. Für die Anwendung auf das gesamte Unternehmen kann in diesem Forschungsstadium zuerst auf die Schwerpunkte des Verhältnismäßigkeitsprinzips in den jeweiligen Managementebenen gesetzt werden.

Es kann vorkommen, dass die Bewertung der Handlungsmöglichkeiten auf Verhältnismäßigkeit und die Abwägung von Kriterien den Konflikt nicht lösen, aber unsere unternehmerische Orientierungsmöglichkeit beseitigen, indem wir Gründe erkennen, die für oder gegen eine Handlungsoption sprechen. Auch wenn sich am Ende eine Handlungsoption herausstellt, dass eine Handlungsmöglichkeit der anderen vorzuziehen ist, kann sich ein Gefühl des Bedauerns einstellen. Die Philosophin Susanne Boshammer erklärt ein solches Gefühl, dass das andere, unterlegene Kriterium nach wie vor gilt und wir womöglich jemandem schaden, obwohl wir ethisch gesehen richtig reflektiert haben: „Wir bereuen nicht, was wir taten, sondern, dass wir es tun mussten, weil es moralisch gesehen das einzig Richtige und gleichwohl für die Opfer unserer Handlung von Übel war"

Fakt ist, dass es im Wirtschaftssystem auch einen Verlierer geben wird, aber es muss keinen Gewinner um jeden Preis geben. Das Verhältnismäßigkeitsprinzip kann dem Management dabei helfen, ein nachhaltiges und erfolgreiches Unternehmen zu generieren.

**Lösungsansatz**

Mein ausgearbeiteter Lösungsansatz zielt darauf, das juristische Verhältnismäßigkeitsprinzip als Reflexionsinstrument für Managemententscheidungen anzuwenden und soll dabei dem Management eine nachhaltige Erfolgsperspektive eröffnen.

Darüber hinaus kann dieser Lösungsansatz dem Management, insbesondere bei Haftungsangelegenheiten (außerhalb eines abgeschlossenen Organ-Haftpflichtversicherungsschutzes) für Vorstände in Aktiengesellschaften, wenn er konsequent angewendet wurde, als Verteidigungsargument bzw. zur Fehlerprävention behilflich sein.

## PART V - Reflection Model (LSNP) – „Selbstüberprüfung"

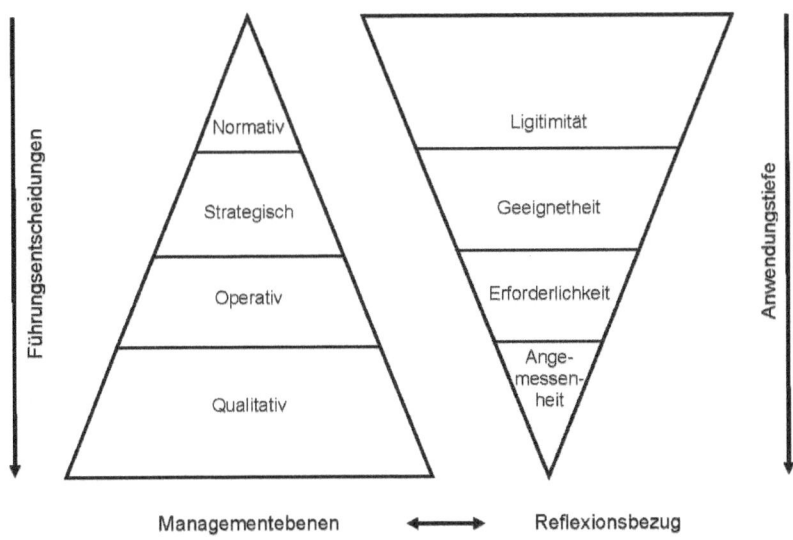

Darstellung 43: Reflection - LSNP Model (EVOLUTIONÄRE DIMENSION)

Mit diesem Lösungsansatz wurde mit einer internationalen Wahrnehmung nicht nur eine Brücke zwischen dem Wirtschaftssystem und dem Rechtssystem hergestellt, sondern u.a. auch aufgezeigt, wie eine wichtige Herausforderung in der Wirtschaft mit einem rechtlichen Aspekt (hier aus juristischem Grundsatz) gelöst werden kann. Dabei resultiert dieser Lösungsansatz aus den theoretischen Auseinandersetzungen, die in dieser Arbeit durchgeführt wurden. Die verschiedenen Verfassungsprinzipen, das EU-Recht, die EMRK, das Deutsche §93 AktG, das Schweizerische OR Art. 754 und insbesondere das internationale Rechtsprinzip „Business Judgement Rule", sowie die unterschiedlichen Managementsysteme sind die Themen, die dieses ausgearbeitete Ergebnis geprägt haben.

Was hier als Reflexionsinstrument dient, kann auch als Grundlage in bestimmten Audit-Bereichen Anwendung finden; Insbesondere beim Managementaudit, in dem ein Audit-Fragenkatalog auf dem juristischen Verhältnismäßigkeitsprinzip beruht.

Konkrete praktische Umsetzungen können den ausgearbeiteten theoretischen Ansatz sicherlich dem Management neue Impulse für den nachhaltigen Erfolg generieren. Inwieweit dieser Ansatz in Unternehmen Anwendung finden kann, lässt sich schon im Bereich des oberen Managements bzw. normativen Managements für praktikabel darstellen. Kritische Praktikabilität lässt sich bei der Anwendung im Bereich des unteren Managements bzw. operativen Managements vermuten. Allerdings könnten empirische Auseinandersetzungen dieses Thema weiterentwickeln, um weiterhin fundierte Erkenntnisfortschritte abzuleiten.

Als generelle Abwägung besagt das Verhältnismäßigkeitsprinzip: „Kollidierende Interessen, Freiheiten oder Rechtsprinzipien werden nur dann in ein angemessenes Verhältnis zueinander gesetzt, wenn bzw. soweit das zu wahrende Interesse, Freiheitsrecht oder Rechtsprinzip schwerer wiegt als das ihm aufgeopferte." Grundsätzlich besteht die Prüfung des Verhältnismäßigkeitsprinzips aus vier Punkten. Demzufolge ist eine (staatliche) Maßnahme verhältnismäßig, wenn sie (1.) einen legitimen Zweck hat, (2.) geeignet, (3.) erforderlich und (4.) angemessen ist.

----------------------------------------------------------------

----------------------------------------------------------------

----------------------------------------------------------------

----------------------------------------------------------------

----------------------------------------------------------------

----------------------------------------------------------------

----------------------------------------------------------------

----------------------------------------------------------------

*PART V - Reflection Model (LSNP) – „Selbstüberprüfung"*

## 7.1. Legitimer Zweck (Factual arguments: Legitimate aim test)

Ist der Zweck, der das Success Value Management erforderlich macht, überhaupt legitim? Hier verbinde ich die beiden Sphären: Erfolgswert schaffen und wirtschaftlich leben:

| A: Erfolgswert schaffen | B: Wirtschaftlich leben | Legitimer Zweck |
|---|---|---|
|  |  | Ist der Zweck überhaupt legitim? |

Darstellung 44: Legitimer Zweck

Der Zweck einer Maßnahme setzt den Maßstab sowie den Referenzpunkt für die Frage, ob die Maßnahme zur Erreichung des Zweckes geeignet, erforderlich und angemessen ist. Demnach stellt es bezüglich des Zweckes keinen Unterschied dar, ob mit dem Ziel, den erwischten Dieb in einem Laden an seiner vorstellbaren Flucht aufzuhalten oder ob der tödliche Schuss aus dem Gewehr eines Soldaten abgefeuert wird, um einen Amokläufer zu eliminieren. Lediglich sobald ein Zweck gegen die Werte des Grundgesetzes verstößt, ist er per se nicht legitim. Ist der Zweck schon sicher nicht legitim, ist dann die Maßnahme in diesem Zusammenhang nicht verhältnismäßig. D.h. wenn der Soldat lediglich schießt, um einen Menschen umzubringen, wäre ebenso der Zweck in Bezug auf die Werte des Grundgesetzes nicht legitim.

Legitimität ist ein normativer Status einer politischen Ordnung und somit auch in Übereinstimmung mit normativen Prinzipien in der Wirtschaftswissenschaft. «Das einwandfreie Verfahren des Zustandekommens einer Norm, also die Rechtsförmigkeit eines Vorganges, garantiert als solche nur, dass die im politischen System jeweils vorgesehenen, mit Kompetenzen ausgestatteten und als kompetent anerkannten Instanzen die Verantwortung für geltendes Recht tragen. Aber diese Instanzen sind Teil eines Herrschaftssystems, das im Ganzen legitimiert sein muss, wenn reine Legalität als Anzeichen der Legitimität gelten können soll.»

Der oberste Zweck des Kapitals ist nicht, mehr Geld zu schaffen, sondern zu bewirken, dass das Geld sich in den Dienst der Verbesserung des Lebens stellt.

## 7.2. Geeignetheit (Factual arguments: Suitability test)

Bewirkt (oder fördert) das Success Value Management das Erreichen des Zwecks? Hier verbinde ich die beiden Blöcke: Wirtschaftskontext verstehen und die Nachhaltigkeitsparameter:

| 1. Bezugsrahmen des Wirtschaftskontextes verstehen: | 6. Nachhaltigkeit-Parameter: | Geeignetheit |
|---|---|---|
| 1.1. Systems<br>1.2. Strategy<br>1.3. Solutions<br>1.4. Success | 6.1. Definition<br>6.2. Verification<br>6.3. Validation | Bewirkt (oder fördert) die Maßnahme das Erreichen des Zwecks? |

**Darstellung 45: Geeignetheit**

Eine Maßnahme ist geeignet, wenn sie die Erreichung des Zweckes in einem kausalen Zusammenhang fördert oder auch bewirkt. Also wenn es darum geht, den Schadstoffausstoß eines Industriebetriebes zu reduzieren, dann ist es möglich, eine Rauchgasreinigungsanlage einzubauen oder auch den Betrieb zu schließen. Im Gegensatz dazu wäre es nicht geeignet, den Parkplatz des Unternehmens zu schließen. Daran kann abgeleitet werden, dass die Geeignetheit der Strategie eine notwendige Voraussetzung für den Erfolg von Unternehmen darstellt.

Es gibt zwei Wege, um glücklich zu werden: Wir müssen entweder unsere Wünsche reduzieren oder unsere Mittel vergrößern - beide sind gleich geeignet. Das Resultat ist jeweils dasselbe. Jeder muss sich selbst entscheiden und das tun, was ihm leichter fällt.

-------------------------------------------------

-------------------------------------------------

-------------------------------------------------

-------------------------------------------------

-------------------------------------------------

## 7.3. Erforderlichkeit (Factual arguments: Necessity test)

Steht kein anderes, bzw. milderes, Mittel als das Success Value Management zum Erreichen des Zwecks zur Verfügung? Hier verbinde ich die beiden Blöcke: Organisationsopportunität erkennen und die Effektivitätsparameter:

| 2. Chancen der Organisation erkennen: | | 4. Effektivität-Parameter: | Erforderlichkeit |
|---|---|---|---|
| 2.1. Environment Concept | „Wer sind wir nicht und deswegen anders?" | 4.1. User needs | Steht kein anderes beziehungsweise milderes Mittel zum Erreichen des Zwecks zur Verfügung? |
| 2.2. Corporate Concept | „Wer sind wir?" | 4.2. Ressouces | |
| 2.3. Corporate Phylosophy | „Unsere Stärke?" | 4.3. Execution | |

**Darstellung 46: Erforderlichkeit**

Eine Maßnahme ist grundsätzlich erforderlich, wenn kein milderes Mittel bei gleicher Eignung vorhanden und zur Verfügung steht. Eine Maßnahme ist auch dann erforderlich, wenn es kein anderes Mittel gibt, das in mindestens gleicher Weise geeignet ist, den verfolgten Zweck zu erreichen, dennoch den Betroffenen und vor allem die Allgemeinheit weniger belastet. Aus dem oben aufgeführten Beispiel wäre es demnach nicht erforderlich, den Betrieb zu schließen, da der Schadstoffausstoß ebenso durch eine Rauchgasreinigung vermindert werden kann.

Die Gesetzesproduktion muss, ähnlich wie die Industrieproduktion, noch stärker als bisher einer Qualitäts-, Erforderlichkeits- und Erfolgskontrolle unterworfen werden.

---------------------------------------------------------------------

---------------------------------------------------------------------

---------------------------------------------------------------------

---------------------------------------------------------------------

## 7.4. Angemessenheit (Moral arguments: Proportionality test...)

...in the narrow sense (balancing).

Wie stehen die Vorteile des Success Value Managements im Zusammenhang mit deren Nachteilen? Hier verbinde ich die beiden Blöcke: Steuerungsbezugspunkte entwickeln und die Effizienzparameter:

| 3. Steuerungsbezugspunkte entwickeln: | 5. Effizienz-Parameter: | Angemessenheit |
|---|---|---|
| 3.1. Customer Value<br>3.2. Process<br>3.3. Identity | 5.1. Time<br>5.2. Cost<br>5.3. Quality | Wie stehen die Vorteile der Maßnahme im Zusammenhang mit deren Nachteilen? |

**Darstellung 47: Angemessenheit**

Eine Maßnahme ist angemessen (oder auch verhältnismäßig im engeren Sinn) lediglich, wenn die mit der Maßnahme verbundenen Nachteile nicht ganz außer Verhältnis zu dessen Vorteilen stehen, die sie verursachen.

An diesem Punkt sind alle Vor- und Nachteile der Maßnahme vergleichend zu prüfen und eine Einschätzung vorzunehmen. Dabei sind insbesondere verfassungsrechtliche Vorgaben, hauptsächlich Grundrechte in Betracht zu ziehen. Als Beispiel geht es um die Problematik, ob die Videoüberwachung von Wohnunterkünften gestattet werden soll, um die schwere Bandenkriminalität zu bekämpfen. Dabei ist die Abwägung von den Interessen der Allgemeinheit an der Bewahrung und Verteidigung der Rechtsordnung gegen das Grundrecht des Überwachten auf die Unverletzlichkeit seines Wohnraums bestimmend. Diese Abwägung scheint hier eine schwierige Auslegungssache zu sein, die im Kontext der Reflexion eher einen erheblichen Mehrwert mit sich bringt.

## PART V - Reflection Model (LSNP) – „Selbstüberprüfung"

Es genügt nicht, dass eine Rede schön ist, sie muss auch dem Gegenstand angemessen sein, so dass nichts zuviel ist und auch nichts fehlt.

# Zusammenfassung

Die grundlegende Frage, die zur Entwicklung der Modelle und somit des Werkzeugkastens geführt hat, war: Warum gibt es so viele Handlungen, die ich prinzipiell als unangebracht empfand, aber trotzdem verfolgte? Hauptsächlich ging es um Managementlehren. Was bringt mir eine Theorie, die die Praxis wenig widerspiegelt, mit dem Hintergrund, dass sich fast alles in der Theorie begründen lässt. Die größte Herausforderung (vor allem in der Wirtschaftswissenschaft) bleibt für mich in der Verknüpfung zwischen Theorie und Praxis. Der Mehrwert liegt in dieser Schnittstelle.

I   *Basisverständnis (Primär)*

II  *Grundwerte (Privat)*

III *Kapital-Überzeugung (Geschäftlich)*

IV  *Unternehmertum (Gesellschaftlich)*

V   *Selbstüberprüfung (Evolutionär)*

Diese selbstständige wissenschaftliche Forschungsarbeit in praktischer Anwendung bearbeitet die aufgestellte These des Success Value Managements.

Das Wirtschaftssystem, das wir geschaffen haben, ist komplex und wir selbst verstehen fast nichts davon. Daher betrachte Pragmatiker wie mich auch sehr kritisch und vertraue Deinen analytischen Verknüpfungen! Dabei ist die Pluralität der Perspektiven zu verinnerlichen. Es ist immer so, dass die Menschen unterschiedliche Ansichten haben. Das Success Value Management ist ein erfolgreiches Verständnis zur existenziellen Ausrichtung von sich selbst, um den nachhaltigen Erfolg (privat, geschäftlich, gesellschaftlich) bestmöglich zu garantieren sowie neue Fähigkeiten zu erwerben und alte zu optimieren. So kann man die nachhaltige Freiheit erfahren.

## PART V - Reflection Model (LSNP) – „Selbstüberprüfung"

**Freiheit** definiere ich als die Möglichkeit zu haben, das umzusetzen, was ich mir vornehme. Dafür wird ein Management gebraucht.

**Management** ist die Umwandlung von Potential in Nutzen durch Arbeitskraft, um Werte zu generieren. Managementeinheiten in der Wirtschaft, und auch innerhalb eines Unternehmens, werden immer noch als Task Force gebildet, um essentielle Probleme zu lösen. Damit assoziiere ich einen mit Barrieren verbundenen Strukturgedanken. Um die Barriere aufzulösen, schlage ich Change Force vor, damit ein mit Schnittstellen integrierter Funktionsgedanke assoziiert werden kann.

**Change bzw. Wandel** ist ein systemisches Produkt.

**Ein System** ist ein abgrenzbares Ganzes, das aus Entscheidungen entsteht, die geordnet miteinander vernetzt sind. Dabei werden Werte generiert.

**Ein Wert** ist ein ökonomisches Ausmaß, das ethisch den Grad der Wichtigkeit beschreibt. In diesem Zusammenhang wird Bildung notwendig, um die Werte zu charakterisieren.

**Bildung** ist ein vielschichtiger, unterschiedlich definierter Begriff, den man im Kern als Maß für die Übereinstimmung des persönlichen Wissens und Weltbildes eines Menschen mit der Wirklichkeit verstehen kann. Je höher die Bildung ist, desto größer wird die Fähigkeit, Verständnis für Zusammenhänge zu entwickeln und wahre Erkenntnisse zu gewinnen. Dafür entsteht die notwendige Motivation durch den Erfolg.

**Erfolg** ist das Erreichen selbst definierbarer Ziele durch die Ausschöpfung des eigenen Potentials. Wenn man Potential als die Gesamtheit aus Fähigkeit und Möglichkeiten zusammenfasst, wird Intelligenz benötigt um das Potential zu erkennen.

**Intelligenz** ist die Fähigkeit des Menschen, abstrakt und vernünftig zu denken und daraus zweckvolles Handeln abzuleiten.

**Dummheit** ist also einen Mangel an Intelligenz und lässt sich nicht zweckvoll moralisch oder finanziell kapitalisieren.

Man braucht also nur zwei intelligente Elemente in der Disziplin, um erfolgreich zu sein: Vernetzt Denken und gesellschaftlich Handeln.

## PART V - Reflection Model (LSNP) – „Selbstüberprüfung"

Wie erlangen Menschen besondere Ergebnisse mit dem Success Value Management? Einfach (Du brauchst keine Erlaubnis, aber Deine Wahrnehmung) und machbar (Du brauchst kein Studium, aber Deine Bereitschaft): Eine empirisch belegte Studie! Es geht darum, die persönliche Dummheit temporär auszusetzen und reich zu leben. Mein erarbeiteter Werkzeugkasten „Success Value Management" SVM beinhaltet fünf aufeinander aufbauende Dimensionen „primär, privat, geschäftlich, gesellschaftlich und evolutionär": [Dar.1]

| | | |
|---|---|---|
| Werkzeugkasten für das Success Value Management | I | **ERV Basis Reference Model „Primär"** |
| | | Mit diesem Modell als Entwicklungsreferenz von arm zu reich bilde ich aus dem bestimmenden Lebensinhalt mein persönliches dynamisches Basisverständnis ab. |
| | II | **QACC Active Perception Model „Privat"** |
| | | Mit den allgemeinen Verknüpfungen aktiviere ich durch dieses Vorgehensmodell meine Perzeptionsfähigkeit. Dadurch steigere ich meine Intelligenz und setze meine Dummheit temporär aus, denn Dummheit ist ein Mangel an Intelligenz. Hier modelliere ich meine Grundwerte. |
| | III | **ASAI Entrepreneurship Model „Geschäftlich"** |
| | | Mit diesem Kreislaufsystem lerne ich meine Investition (Business-Idee) zu verstehen und nahezu konstant zu halten. Hier baue ich meine Kapital-Überzeugung auf. |
| | IV | **SSSS Corporate Management Model „Gesellschaftlich"** |
| | | Mit diesem Instrument manage ich meine Investition (mein Unternehmen) nachhaltig, um erfolgreich zu wirtschaften. Hier lebe ich mein Unternehmen. |
| | V | **LSNP Reflection Model „Evolutionär"** |
| | | Mit der Überprüfung beobachte ich, ob meine Managemententscheidungen zu meinen Ergebnissen in Verhältnismäßigkeit für die Allgemeinheit passen. Und auch für meine eigene Persönlichkeit beobachte ich, ob meine Werte zu meinen Gewohnheiten passen. |

**(I) ERV Basis Reference Model** - In einer **primären** Dimension bilde ich als Entwicklungsreferenz zuerst ein persönliches dynamisches Basisverständnis aus Lebensinhalten ab: [Dar.2]

| Gesellschaftliche Schicht | Reich | + | + | Eigene Werte Übertragung / Stabilisierung *(Value)* |
|---|---|---|---|---|
| | Mittel | + | Kapitalisierbare Risiko-Entscheidung *(Risk)* | - |
| | Arm | Bildung *(Education)* | - | - |
| Entwicklungs-Instrumente | | (Linear) Privat | (Interdisziplinär) Geschäftlich | (Vernetzt) Gesellschaftlich |
| | | (Denkstrukturen und) Persönlicher Einflussraum | | |

**(II) QACC Active Perception Model** - Dann aktiviere ich in einer **privaten** Dimension mit den allgemeinen Verknüpfungen meine Perzeptionsfähigkeit. Dadurch steigere ich meine Intelligenz und setze meine Dummheit temporär aus. Denn Dummheit ist ein Mangel an Intelligenz. Wenn Du nicht weißt, was Du suchst, wirst Du nicht verstehen, was Du findest. Hier modelliere ich die Grundwerte: [Dar.3]

| 1. (Warum-) Fragen? | ---------------------------------------------- ---------------------------------------------- |
|---|---|
| 2. Antworten: Argumente und Gegenargumente? | ---------------------------------------------- ---------------------------------------------- |
| 3. Hergestellte Verknüpfungen? | ---------------------------------------------- ---------------------------------------------- |

(III) **ASAI Entrepreneurship Model** - Anschließend lerne ich in einer **geschäftlichen** Dimension mit meinem entwickelten Kreislaufsystem meine Investition (Business-Idee) zu verstehen und nahezu konstant zu halten. Hier baue ich die Kapital-Überzeugung auf: [Dar.14]

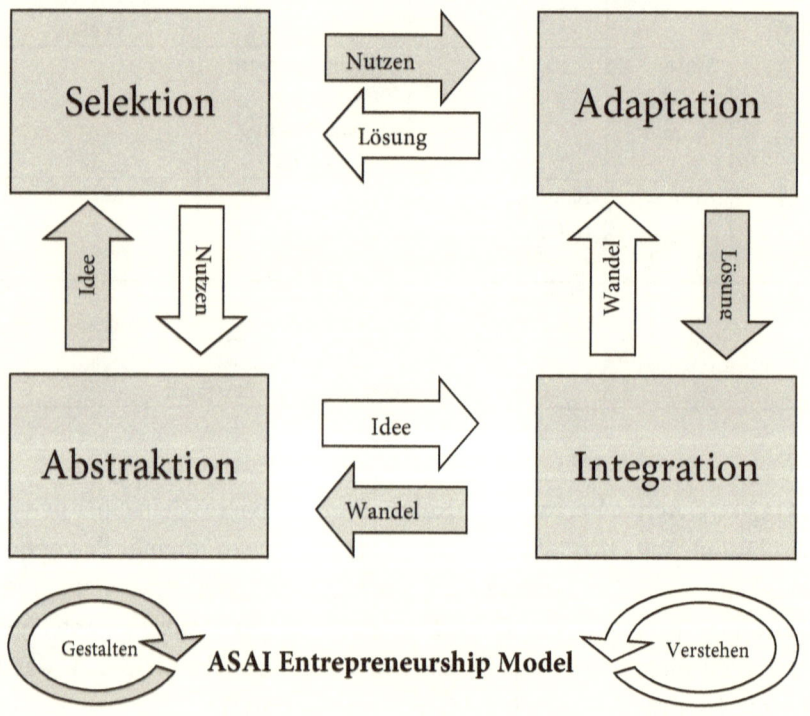

(IV) **SSSS Corporate Management Model** - Danach manage ich in einer **gesellschaftlichen** Dimension eine Investition (ein Unternehmen) mit meinem entwickelten Instrument nachhaltig, um erfolgreich zu wirtschaften. Hier lebe ich ein Unternehmen. Das Ziel ist nicht mit dem „Success Value" die Ausrichtung am Mehrwert für Kunden (Customer Value) oder Aktionäre (Shareholder) abzulösen, denn in Bezug auf eine Rangfolge

- kommt der Shareholder Value erst nach dem Customer Value
- und der Customer Value kommt erst nach dem Success Value.

Der Success Value forciert mit dem SSSS Corporate Management Model den Unternehmenserfolg und schlägt langfristig den Customer Value sowie auch den Shareholder Value: [Dar.18], [Dar.19]

| Success Value Management | |
|---|---|
| A: Erfolgswert schaffen | B: Wirtschaftlich leben |
| 1. Bezugsrahmen des Wirtschaftskontextes verstehen:<br>1.1. Systems<br>1.2. Strategy<br>1.3. Solutions<br>1.4. Success | 6. Nachhaltigkeit-Parameter:<br>6.1. Definition<br>6.2. Verification<br>6.3. Validation |
| 2. Chancen der Organisation erkennen:<br>2.1. Environment Concept<br>2.2. Corporate Concept<br>2.3. Corporate Phylosophy | 4. Effektivität-Parameter:<br>4.1. User needs<br>4.2. Ressouces<br>4.3. Execution |
| 3. Steuerungsbezugspunkte entwickeln:<br>3.1. Customer Value<br>3.2. Process<br>3.3. Identity | 5. Effizienz-Parameter:<br>5.1. Time<br>5.2. Cost<br>5.3. Quality |

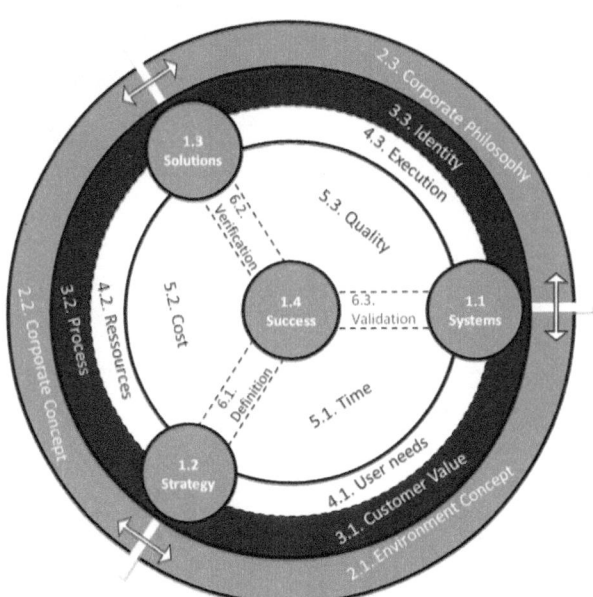

*PART V - Reflection Model (LSNP) – „Selbstüberprüfung"*

**(V) LSNP Reflection Model** - Abschließend führe ich in einer **evolutionären** Dimension eine Überprüfung durch, ob die Managemententscheidungen zu den jeweiligen Ergebnissen, in Verhältnismäßigkeit für die Allgemeinheit, passen. Und auch für die eigene Persönlichkeit beobachte ich, ob die eigenen Werte zu den eigenen Gewohnheiten passen: [Dar.42], [Dar.43]

| Anwendung des juristischen Verhältnismäßigkeitsprinzips im Management: | | | | |
|---|---|---|---|---|
| Management Ebenen | Management-Orientierung: Success Value Management (Erfolgsbezug) | Zeitbezug | Funktion (Verantwortung) | Verhältnismäßigkeit von Maßnahmen bzw. von Managemententscheidungen als Reflexionsinstrument: Schwerpunkt |
| Normativ | Erfolgsdefinition | Langfristig (>3 Jahre) | Entwicklung/ Gestaltung | Legitimität |
| Strategisch | Erfolgspotential | Mittelfristig (1-3 Jahre) | Auf- und Abbau von Kapazitäten | Geeignetheit |
| Operativ | Erfolgsergebnisse | Kurzfristig (<1 Jahr) | Nutzung von Kapazitäten | Erforderlichkeit |
| Qualitativ | Erfolgskontrolle | Gegenwart (0-x Jahr) | Prüfung von Ergebnissen | Angemessenheit |

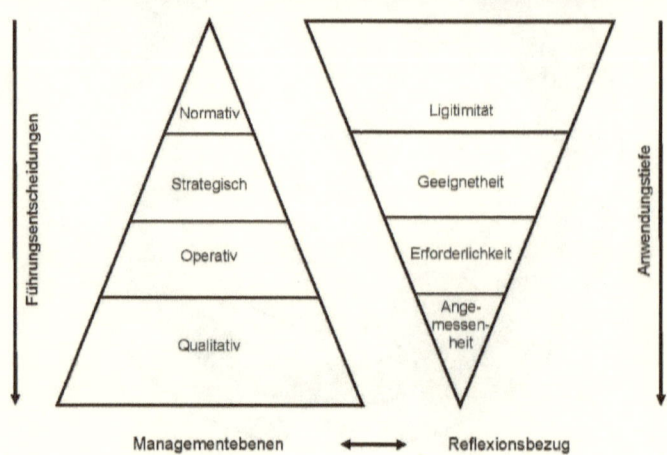

Part 5: Evolutionäre Dimension

## PART V - Reflection Model (LSNP) – „Selbstüberprüfung"

Grundsätzlich sollte man wissen, dass das Unterbewusstsein nicht „denkt". Es speichert einfach nur. Deswegen ist Erfolg von unserem Unterbewusstsein abhängig, das sich genetisch durch die Eltern vorprogrammiert hat und sich durch das Umfeld über Werte, Gedanken und Gewohnheiten programmieren lässt. Daraus führen wir im Grunde genommen Handlungen (Routinen, Aktionen) unbewusst aus, die uns am Ende charakterisieren.

Dieser erarbeitete Werkzeugkasten stellt ein neues Paradigma dar. Was heißt das? Ein Paradigma ist eine Vielzahl an Gewohnheiten, die in unserem Unterbewusstsein verknüpft sind. Daraus werden Aktionen produziert, die wiederum Reaktionen in unserem Umfeld auslösen. Das Zusammenwirken von Aktionen und Reaktionen modifiziert dann die Umstände. So werden wir zu dem, den wir daraus machen.

Warum solltest Du diesen Werkzeugkasten verstehen und einsetzen?

------------------------------------------------------------
------------------------------------------------------------
------------------------------------------------------------
------------------------------------------------------------
------------------------------------------------------------
------------------------------------------------------------
------------------------------------------------------------
------------------------------------------------------------
------------------------------------------------------------
------------------------------------------------------------

*PART V - Reflection Model (LSNP) – „Selbstüberprüfung"*

# Ausblick

In der Wissenschaft ist Konsens irrelevant. Entscheidend sind vielmehr reproduzierbare Ergebnisse. Allerdings hat Konsens in der Praxis generell in Unternehmen eine hohe Relevanz, besonders wenn es darum geht, gemeinsame Ziele zu verfolgen. In der Wissenschaft besitzt die Reproduzierbarkeit allgemein einen hohen Stellenwert. Sie bedeutet die Wiederholbarkeit von empirisch-wissenschaftlichen Forschungsergebnissen. Erst wenn ein Befund reproduzierbar ist und eine Replikationsstudie zu ähnlichen, wenn nicht gleichen Ergebnissen kommt, erlangt die Erst-Studie Glaubwürdigkeit. Ein experimentelles Ergebnis gilt erst als verlässlich, wenn es von einem unabhängigen Forscher nachvollzogen wurde.

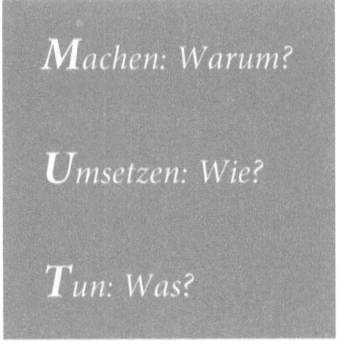

*M*achen: Warum?

*U*msetzen: Wie?

*T*un: Was?

In der Wirtschaftswissenschaft sind wir in dem Zustand, bei dem wir vor etwa dreihundert Jahren in der Medizin gewesen sind. Es bedeutet, dass wir von Denkfehlern überhäuft werden. Denkfehler verschwinden nicht, es geht nur darum besser damit umzugehen: **(Warum?) Weil wir noch nicht in der Lage sind, das Denken als biologisches Phänomen zu verstehen.** Früher in der Steinzeit haben unsere Intuitionen besser gezündet als heute. Die Intuition funktioniert allerdings immer noch gut in einem Umfeld, wo Vertrauen assoziiert wird. Für wichtige Entscheidungen ist man besser beraten, rational zu funktionieren.

Nun ist es so, dass Denken ein biologisches Phänomen ist. Das hat José Ortega y Gasset vor hundert Jahren schon behauptet. Sein Thema seiner Zeit ist auch das Thema unserer Zeit mit umgekehrten Vorzeichen: **(Wie?) Aus einer Kritik der objektiven Vernunft durch das lebendige Denken hat man eine Kritik des lebendigen Denkens durch die objektive Vernunft gemacht.** Die Auseinandersetzung mit unseren Denkfehlern ist

*PART V - Reflection Model (LSNP) – „Selbstüberprüfung"*

kein taugliches Kriterium um menschliche Vernunft im Sinne eines biologischen Phänomens zu beurteilen.

Das Paradox ist auch, dass kein Verlass auf Wissenschaft ist, denn sie liefert ständig neue Erkenntnisse. Der Grund ist, Denken ist in Begründungen nicht unbegrenzt. Keine Wissenschaft kann sich selber begründen, weil sie sich auf einen Grund stützt, den die Vernunft gibt.

Der Kern unserer Gedanken und somit auch der Kern unseres Gehirns haben sich seit der Steinzeit nicht wesentlich geändert. Wir haben damit wahrscheinlich eine Welt d.h. ein komplexes System geschaffen, das wir nicht mehr verstehen. Prognosen sind fast nichts wert, wenn es um das Wirtschaftssystem geht, da könnte man auch würfeln. In einem ganz spezifischen kleinen Bereich kann eine wahre Prognose gestellt werden. Jetzt sind wir nämlich schon bei der Vernunft angelangt. Ganz nach dem Ausspruch des polnischen Schriftstellers Brudzinski: "Der Verstand sieht jeden Unsinn, die Vernunft rät, manches davon zu übersehen." **(Was?) Wir können uns leider nur um Sachen kümmern, die wir vernünftig verstehen und die für unser Leben relevant sind, um nachhaltig erfolgreich zu leben.**

---

Das Success Value Management aus Sicht Deiner existenziellen Ausrichtung?

------------------------------------------------------------

------------------------------------------------------------

------------------------------------------------------------

------------------------------------------------------------

------------------------------------------------------------

------------------------------------------------------------

------------------------------------------------------------

## PART V - Reflection Model (LSNP) – „Selbstüberprüfung"

# Appendix I – Wenn ich noch arm wäre, dann...

... würde ich gestehen, dass Alle beruflich und privat erfolgreich sein wollen; Alle nützlich sein wollen; Alle mit voller Sicherheit die Zukunft vorbereitet haben wollen; Alle ins Paradies wollen. Es ist nicht verwerflich so zu denken, aber ich muss nur wirklich aktiv daran arbeiten und auch besonders auf mein Umfeld achten!

... würde ich kein äußeres Idol haben (und sofort keine medialen Nachrichten konsumieren). Meine Idole sind meine Eltern, die ich sehr stolz machen will. Es spielt keine Rolle, ob sie noch am Leben sind oder nicht. Das **ERV Modell** würde ich mir zu Herzen nehmen.

... würde ich die Champions anders wahrnehmen, denn wenn Du Vize-Meister bist, wirst Du gefühlt als Loser betrachtet, obwohl Du Millionen Menschen hinter Dir gelassen hast. Aber derjenige, der sein Medizinexamen als Letzter besteht, wird Doktor genannt.

... würde ich mir Vertrauen verdienen wollen, Engagement in Aufgaben leben, mit dem Ziel mir exzellente Kompetenz anzueignen und unkalkulierte Liebe zu etwas zu geben, was ich als existenziell betrachte.

... würde ich lieben, was ich tue. Die Leute werden es lieben, an meiner Seite zu sein. Ich muss immer bereit sein, das zu tun, was gut ist. Es gibt keine guten Momente, um schlechte Sachen zu tun. Deswegen würde ich meine Probleme nicht jedem erzählen, denn 90% der Leute ist es egal und 10% sind glücklich, dass Du die Probleme hast.

... würde ich daran arbeiten, **das Beste aus meinem Potential zu machen und es mit der zur Verfügung stehenden Zeit komplett auszuschöpfen**.

... würde ich die Anderen immer besser machen wollen müssen. Dadurch wachse ich auch. Es gibt immer wieder Enttäuschungen, aber langfristig werde ich immer für uns alle gewinnen.

... Also zusammengefasst: Ich brauche Kompetenz (durch Bildung), etwas zu tun, zu lieben, daran zu glauben und **ein großes Ziel erreichen zu wollen**.

# Appendix II – Manager in der Mittelschicht

**Ausgangssituation:** Das Wirtschaftssystem crasht immer wieder: Also, nach der Krise ist vor der Krise.

Gesellschaftsschichten bleiben bestehen: Arm, Mittelschicht, Reich. Arme werden ärmer, Reiche werden reicher, die Mittelschicht schrumpft oder vergrößert sich, je nachdem wie die Statistik interpretiert wird! Aber (durch die Inflation) rutschen die Meisten von der Mittelschicht in Richtung Armut bzw. in dem Bereich der Bedrohung zur Armut!

Dennoch wer schlau ist, strapaziert seinen Körper weniger. Bildung hilft also dreifach: Sie bringt bessere Gesundheit, ein höheres Einkommen und ein längeres Leben.

Jeder reiche Mensch ist gleichzeitig auch immer ein Unternehmer. Aber in den mittelständigen Unternehmen gehören Manager immer noch hauptsächlich zu der Mittelschicht.

**Zielgruppe:** Manager in mittelständigen Unternehmen und Startups-Gründer (Mittelschicht), die jederzeit den nächsten Schritt ihrer Karrieren erfolgreich garantieren wollen.

**Problemstellung:** Manager in den mittelständigen Unternehmen und Startups-Gründer benutzen Management-Modelle, die systematisch in die Irre führen.

Bestehende Modelle definieren fremdgesteuerte Werte, um erfolgreich zu sein.

**Bestehende Modelle (Wertorientierte Unternehmensführung):** Stakeholder Value, Shareholder Value, Customer Value.

Ansatz bestehender Modelle: Versuche ein Unternehmen von Wert zu sein, nur dann kannst Du erfolgreich sein. Da ist der Erfolg durch definierte Zielgruppen mit Wertigkeit festzulegen.

*Anhang*

**Meine Lösung:** Success Value ist ein ganzheitlicher Management-Ansatz, den die Gewinner vor, in und nach einer Wirtschaftskrise generieren. Manager in mittelständigen Unternehmen, die ständig wie Unternehmer denken und handeln, können mit dem Success Value ihre Karriere erfolgreich selbst steuern.

**Differenzierung:** Der Erfolg ist durch seine eigenen (zahlreichen und unterschiedlichen) Kriterien mit Wertigkeit festzulegen.

Ansatz: Versuche ein Unternehmen von Erfolg zu sein, nur dann kannst Du Deine eigenen Werte leben.

**Vorteilhaftigkeit:** Das Unternehmen ist nicht auf den Wert einer Zielgruppe (Aktionäre, Kunden, Mitarbeiter, etc..) festgelegt, sondern auf seine essenzielle Existenz gerichtet.

Die Unternehmensführung ist primär im engeren Sinn nicht fremdgesteuert, sondern selbstgesteuert!

**Fazit:** Das Ziel ist es nicht mit dem „Success Value" die Ausrichtung am Mehrwert für Kunden (Customer Value) oder Aktionäre (Shareholder) abzulösen, denn in Bezug auf eine Rangfolge

- kommt der Shareholder Value erst nach dem Customer Value
- und der Customer Value kommt erst nach dem Success Value.

Der Success Value forciert den Unternehmenserfolg und schlägt langfristig den Customer Value und den Shareholder Value.

# Appendix III – Ich bin reich, weil...

... ich den Weg von arm zu reich selbst nachhaltig als Self-Made Millionär erfolgreich gegangen bin. Ich habe keine Geldsorgen mehr und spüre (bzw. trage) in mir die tiefe Verantwortung zu lehren...

Die wirklichen Lehrer sind die Leute, die reich sind und nicht die, die in der Schule als Lehrer beschäftigt sind und meist nicht über diese Erfahrung verfügen. Wie kann Dir ein Lehrer das Reichsein erklären, wenn er das selber nicht kennt? Wenn Du schon nachhaltig reich (und höchstwahrscheinlich nicht in Bildung involviert) bist, lehre bitte Deine Erfahrung! So kannst Du Deine Werte stabilisieren und übertragen, denn die meisten wollen auch erfolgreich und nachhaltig reich werden!

# Appendix IV – Deine Perzeption?

*Anhang*

*Anhang*

*Anhang*

*Anhang*

*Anhang*

*Anhang*

# Quellen und Referenzen

1. Meine persönlichen und praktischen Lebenserfahrungen.
2. Eigenständige theoriebasierte Exploration.
3. Meine Berufserfahrungen (Produktionshelfer, Manager, Investor, Entrepreneur und Self-Made Millionär).
4. Meine akademische Bildung (3 Masterabschlüsse MSc, MBA, LLM und der „Doctor of Philosophy" PhD als der höchste akademische Abschluss in Deutschland).

---

Mit dem **Success Value Management** entfaltest Du Dein Potential.

Das Wirtschaftssystem, das wir geschaffen haben, ist komplex und wir selbst verstehen fast nichts davon. Daher betrachte Pragmatiker wie mich auch sehr kritisch und vertraue Deinen analytischen Verknüpfungen! Dabei ist die Pluralität der Perspektiven zu verinnerlichen. Es ist immer so, dass die Menschen unterschiedliche Ansichten haben. Das Success Value Management ist ein erfolgreiches Verständnis zur **existenziellen Ausrichtung** von sich selbst, um den nachhaltigen Erfolg (privat, geschäftlich, gesellschaftlich) bestmöglich zu garantieren sowie neue Fähigkeiten zu erwerben und alte zu optimieren…

**= Erfolgsmodell für das heutige Management.**

Erfolgswert schaffen und wirtschaftlich leben!

Selbstständige wissenschaftliche Forschungsergebnisse

in praktischer Anwendung von

**Dr. Cyrille Herve Timwo Monthe**, MSc, MBA, LLM
Pragmatiker

---

Die Lektüre für alle, die sich für ein nachhaltiges Zeichen einsetzen: Irrlehre in Theorie & Praxis verstehen und kluges Management umsetzen.

www.ingramcontent.com/pod-product-compliance
Lightning Source LLC
Chambersburg PA
CBHW020649220526
45464CB00001B/357